図解 宇宙船

F FILES No.008

称名寺健荘／森瀬　繚 著

新紀元社

はじめに

宇宙船という言葉から思い浮かぶイメージはどんなものでしょう。スタートレックの「エンタープライズ号」やスター・ウォーズの「ミレニアム・ファルコン号」。あるいは、ずんぐりとした飛行機のように見える「スペースシャトル」などでしょうか。40代半ばの方なら、滑らかな円錐形の「アポロ」司令船も忘れがたい記憶として残っているはずです。

ポルノグラフィティの名曲『アポロ』が発表されたのは1999年。人類史上初の有人月着陸ミッションをアポロ11号が成功させてから、ちょうど30年後のことでした。アポロが月に行った1969年当時は小学生で、自分が大人になるころ、火星や木星へも簡単に宇宙船で行けるようになるのだ、と思い込んでいた筆者は、この曲を聴きながら時の流れの速さをしみじみと再確認したものです。

さらに時は流れ、スペースシャトルの後継となる次世代宇宙輸送システムとしてNASAが公表した「コンステレーション計画」には、月への有人飛行計画が盛り込まれていました。約40年の時を経て、月面へ再び人類が立つ日は近そうです。

本書には、人間を乗せて宇宙を飛ぶ「有人宇宙船」に関する話題が幅広く、しかも硬軟取り混ぜて詰め込まれています。現実の宇宙船だけでなく、フィクションに登場する架空の有人宇宙船にも多くのページを割いています。1969年当時の本や雑誌がこぞって扱っていた宇宙開発に関する記事は筆者にとってとても刺激的で、宇宙への興味を大きくかき立ててくれるものでした。本書が読者の皆様に対して同様の役割を多少なりとも果たせるとしたら、執筆陣にとってこれ以上の喜びはありません。

称名寺健荘

目次

目次

※No.039～No.048と第4章を森瀬が、それ以外を称名寺が担当した。

第1章
宇宙船とは

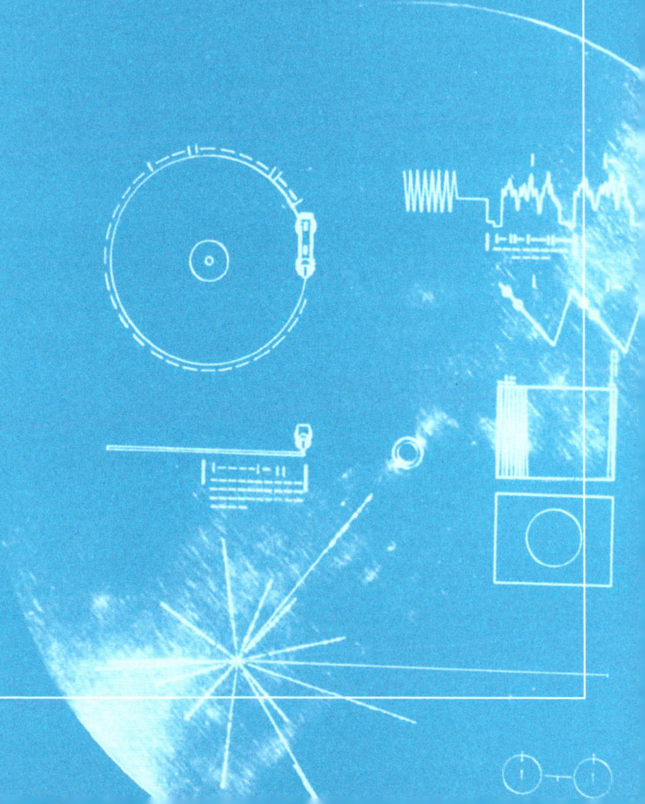

No.001

宇宙船とは

Space Ship / Spacecraft

本書では現実とフィクションの有人宇宙船を取り混ぜて紹介しているが、必要不可欠な機能や装備は共通と考えてかまわない。

●宇宙船が備えるべきもの

人を乗せて宇宙を飛ぶ乗り物は、一般に「有人宇宙船」と総称されている。有人宇宙船に不可欠な機能や装備はいろいろある。

まずは乗員の安全を守れる頑丈な船体だ。宇宙空間の極端な高温や低温、強烈な放射線などに耐える材質と構造を採用しなければならない。また、宇宙から帰還する際、大気圏へ再突入するときの空気抵抗、高熱、振動などに耐える強度も必要だ。乗員が仕事や生活を営む船内区画は、宇宙空間とのつながりを完全に遮断できなければならない。呼吸に必要な空気を作り出す酸素や窒素のタンク、二酸化炭素を除去する装置などを備え、**船外活動**で宇宙空間へ出るときは、緩衝地帯の役割を果たす**エアロック**を使うことになる。

正しい航路を進むためには、航行状況を正確に把握する計測機器、誤差やずれを割り出して正しい航路へ誘導・制御する装置などが必要。飛行姿勢や飛行軌道を変える制御用ロケット・エンジンも必須だ。

宇宙船内の制御装置や生活設備、照明器具、作業用機械などに電力を供給する電源装置としては燃料電池や太陽電池を使う。

ロケット・エンジンの燃料、食料、水、宇宙服などを積み込むための十分な貨物スペースもいる。なお、水は水素と酸素を燃料とする燃料電池で発電すると、副産物として得ることもできる。

宇宙船を地球上の発射基地から宇宙空間へ送り出すための打ち上げシステムは、使い捨て方式のロケットが一般的に使われる。フィクションの宇宙船は、自力で離陸して宇宙へ飛び出せるエンジンを船体内に搭載しているが、現実の宇宙船は打ち上げ用ロケットで打ち上げられ、十分な高度と速度に達したら切り離される仕組みだ。

現在までに作られた主な宇宙船

有人宇宙船		
ヴォストーク	ロシア	→No.029・051・053
ヴォスホート	ロシア	→No.030
ソユーズ	ロシア	→No.057・058
マーキュリー	アメリカ	→No.024・052
ジェミニ	アメリカ	→No.025
アポロ	アメリカ	→No.026・054～056
スペースシャトル	アメリカ	→No.028・059～063
神舟	中国	→No.036・066
スペースシップワン	民間：アメリカ	→No.067

宇宙ステーション		
サリュート	ロシア	
ミール	ロシア	→No.064
スカイラブ	アメリカ	
国際宇宙ステーション（ISS）	アメリカ、ロシア、日本、カナダ、欧州宇宙機構の共同開発	→No.065

有人宇宙船の構成例

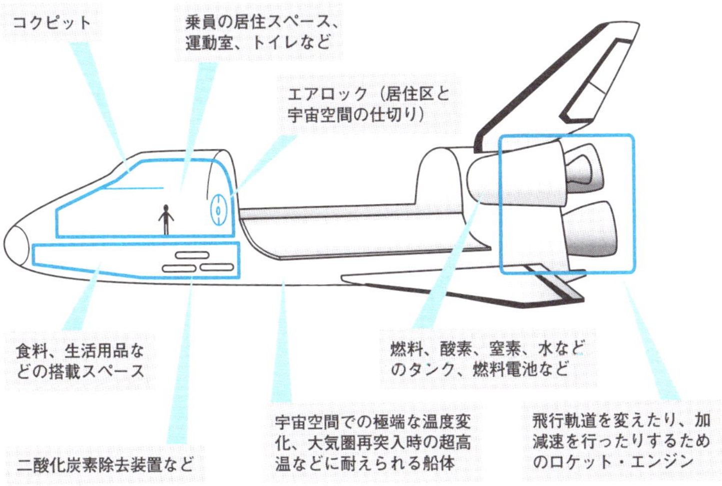

関連項目
●船外活動→No.016
●エアロックの仕組み→No.015

No.002

宇宙船を動かす

Navigation of a spaceship

目的地へまちがいなく到達するためには、事前に計画された航路やスケジュールに従い、適切な航法で宇宙船を動かす必要がある。

●有人宇宙船でも自動操縦が基本

パイロットが操縦桿《かん》を握って宇宙船を操縦する場面はフィクションにたびたび登場する。離着陸や航路の急な変更も自在だし、とりあえず宇宙空間へ出てから行き先を決める、といった場面も見かける。ただし、このような宇宙船の実現はずいぶんと遠い未来のはずで、現状は大きく異なる。

現実の有人宇宙船は、事前に細かく計算された計画（航路、航法、航行スケジュールなど）に従い、打ち上げから地上への帰還まで、ほぼ完全な自動操縦状態で航行している。自動操縦機能に重大なトラブルが起きない限り、乗組員が手動で宇宙船を操縦することはほとんどないのである。

有人宇宙船を動かすためにもっとも大きなパワーが必要となるのは、打ち上げの瞬間だ。重力や空気抵抗に逆らって宇宙空間へ飛び出すには強力なロケットが要る。多くの宇宙船は、自身よりはるかに大きなロケットのペイロード（一種の「荷物」）として運ばれるのだ。もちろん、宇宙船自体もロケット・エンジンを備えているが、打ち上げ用ロケットとは比較にならない小ささで、主に宇宙空間での加減速や軌道修正などに使われる。

宇宙空間では空気抵抗がほとんどないので、いったん適切な速度で飛行軌道に乗ってしまえば、以後はロケット・エンジンを動かさなくても慣性の法則によって同じ速度で飛び続けることができる。たとえば、地球の周りを円軌道で飛ぶ場合は、地球が宇宙船を引き戻そうとする重力と、宇宙船が飛ぶことによって生まれる遠心力（地球から遠ざかろうとする力）がつりあう速度（軌道が高度300kmなら秒速約7.725km）を保てばよい。

とはいえ、誤差などへの対応は欠かせない。実際の航行中は、船内の機器や地上の監視設備が宇宙船の位置、速度、姿勢などを計測・分析し、計画とのずれを修正するための誘導と制御が常に行われている。

宇宙船の航法例

GPS航法

GPS衛星から受け取る情報をもとに、航路や速度を修正しながら航行する

慣性航法

船内の機器で宇宙船の姿勢や加速状態を記録し、その結果から位置や速度を算出。航路や速度を修正しながら航行する

複合航法

両者を組み合わせて利用

遠方を航行する宇宙船の情報を知る技術

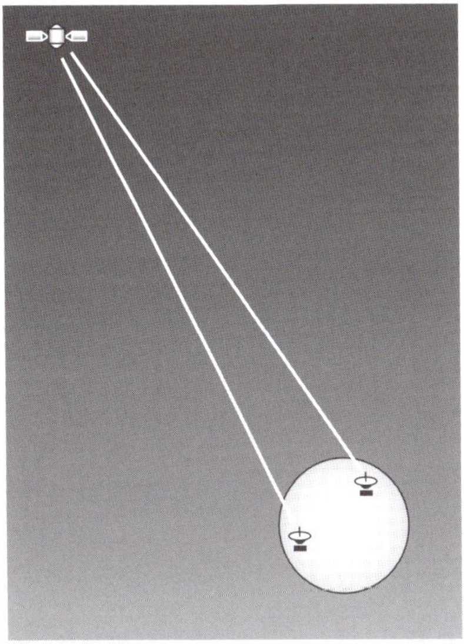

DSN(ディープスペース・ネットワーク)
世界各地に設置した大型アンテナにより、惑星探査機などと常時交信を可能にしたシステム

宇宙船の位置
・アメリカのDSNを利用した観測
・日本、アメリカ、ヨーロッパなどのVLBI観測網の利用

VLBI(超長基線電波干渉法)
複数の電波望遠鏡による観測結果を解析することで高い精度の観測結果を得られる

宇宙船の速度
宇宙船が発する電波信号を受信し、ドップラー効果による周波数の変化から速度を算出

宇宙船との距離
地上から送信した特有の信号を宇宙船から返信させ、送受信にかかった時間などを元に算出

No.003

宇宙船が宇宙へ出るためには

How to go to space with a spaceship

宇宙へ向かうには、大気の抵抗や地球の重力に打ち勝つパワーをもったロケットで宇宙船を十分に加速させなければならない。

●はじめは弾道飛行から

宇宙と呼ばれる空間は、地球上空の高度80～100kmあたりから上ということになっている。地球の重力に逆らって、手っ取り早く宇宙空間へ到達するにはどうしたらよいだろうか？

アメリカの**マーキュリー計画**で「フリーダム7」に採用されたのは「弾道飛行」という飛び方だった。弾道とは、大砲から打ち出されて飛ぶ砲弾などを真横から見た飛行コースのことで、放物線状の弧の形になる。宇宙船を打ち上げたときの弧の頂点が高度80～100kmを超えるようにすれば、とりあえずは宇宙空間を飛行して戻って来ることができるというわけだ。

弾道飛行だと、宇宙船は短い時間で地上へ戻って来てしまう。では、もっと長く宇宙空間を飛び続けたいときはどうすればよいのか？

それには、地球の周りをぐるぐると飛び続ければよい。このような飛び方をする際のコースを地球周回軌道という。この軌道を飛び続けるには、地球が宇宙船を引き戻そうとする重力と、宇宙船が飛ぶことによって生じる遠心力が釣り合う速度を保てばよい。空気抵抗を考えない場合、宇宙船を秒速7.9km（時速28,440km）で打ち上げれば、地上すれすれの地球周回軌道に乗せることができる。この「秒速7.9km」という速さは「第1宇宙速度」と呼ばれる。空気抵抗などを考慮すると、実際に必要となる速度は秒速約10kmほどだ。

宇宙速度には、地球の重力を振り切る「第2宇宙速度」（秒速約11.2km）、さらには太陽の重力を振り切る「第3宇宙速度」（秒速約16.7km）もある。有人火星探査などのプロジェクトが実現したときは、飛行士を乗せた宇宙船が第2宇宙速度まで加速し、地球周回軌道を離れて火星へ向かう、といった航行が行われることになるだろう。

弾道飛行と地球周回軌道飛行

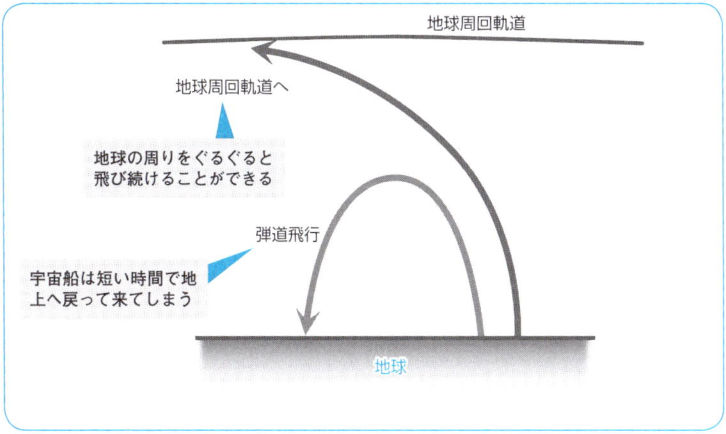

発射速度と飛行軌道

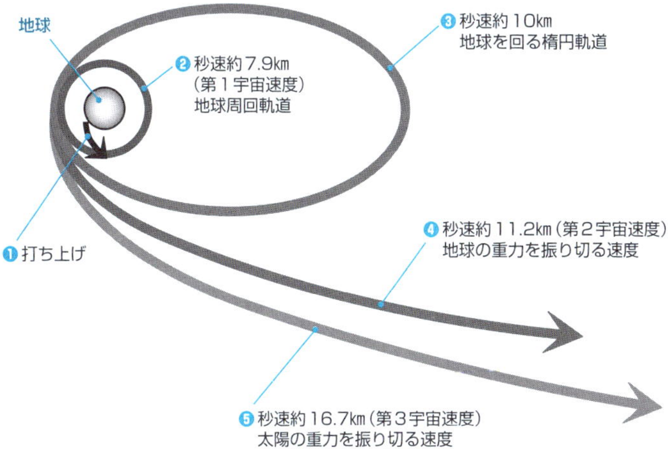

関連項目

●マーキュリー計画→No.024

No.004

地球から周回軌道上まで

To the geocentric orbit

スペースシャトル・オービタやソユーズなど、現役有人宇宙船にとっての活躍の場は周回軌道上だ。

●国際宇宙ステーションが控える低軌道

地球の周囲を回る円形の飛行コースを地球周回軌道といい（単に周回軌道、または衛星軌道ともいう）、高度によって3つに分類できる。

まずは高度約1,400km以下の「低軌道」。**国際宇宙ステーション（ISS）**の飛行高度は約400km、**スペースシャトル**の一般的な飛行高度も350～400kmの範囲で、いずれも低軌道に含まれる。低軌道よりも高く、次に述べる静止軌道よりも低い範囲に含まれる軌道は「中軌道」という。GPS衛星などがこの高さを飛んでいる。「静止軌道」は、地球の赤道上を通る高度約36,000kmの軌道だ。この軌道を飛行する人工衛星は静止衛星と呼ばれる。地球が1回自転する時間と同じ約24時間で軌道を1周するため、地球からは上空に静止しているように見えるからだ。

宇宙船をある高度の地球周回軌道に乗せるには、打ち上げた宇宙船が目的の高度に達したところで、高度に応じた飛行速度（地球が宇宙船を引き戻そうとする重力と、宇宙船が飛ぶことによって生じる遠心力が釣り合う速度）に調節すればよいことになる。いったん低めの地球周回軌道に乗せ、そこから加速して軌道の高度を調節することもある。加速すると飛行軌道は円軌道から楕円形の軌道になる。その軌道の遠地点がちょうど目的の高度となるように加速するのだ。宇宙船が遠地点に達したら、再度加速することによって元の楕円軌道から目的の地球周回軌道へ移ることができる。このような飛行に使う楕円軌道は「ホーマン軌道」と呼ばれる。ホーマン軌道を使うと、2つの円軌道間を移動する際に必要な燃料消費を最小限に抑えることができるのだ。静止軌道に設置された宇宙開発プラントなどの施設へ、低軌道の宇宙ステーションから出発した有人宇宙船がメンテナンスに訪れる、といったことも効率的に行える。

目的の地球周回軌道に乗るには

地球周回軌道	地球の周囲を回る円形の飛行コース

▼

高度によって3つに分類できる

▼

	高度	飛行速度	周回周期
低軌道	350～1,400km	秒速約7.7km (高度350kmの場合)	約1.5時間 (高度350kmの場合)
中軌道	1,400～36,000km	秒速約4km (高度20,000kmの場合)	約12時間 (高度20,000kmの場合)
静止軌道	36,000km	秒速約3.1km	約24時間

ホーマン軌道を使った周回軌道の移動

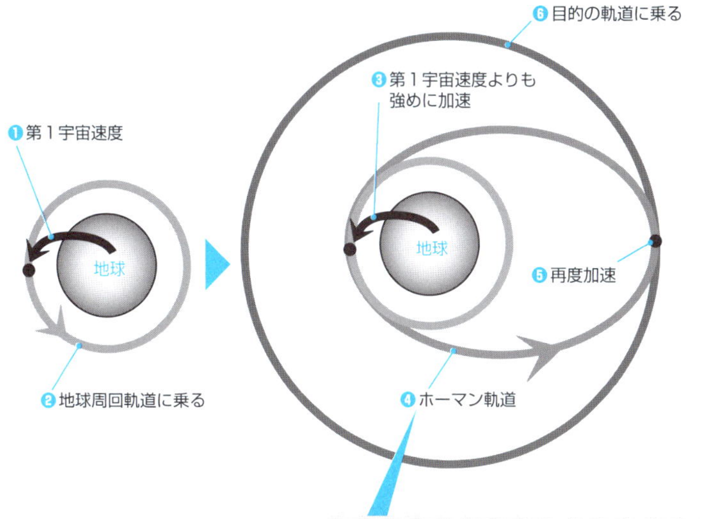

ホーマン軌道は、ドイツのヴァルター・ホーマンが1925年に発表したもので、2つの円軌道間を移動する際に必要な燃料消費を最小限に抑えられる

関連項目

●国際宇宙ステーション(ISS)→No.065
●スペースシャトル計画→No.028

No.005

地球から月まで

To the moon

地球から月までの距離は約38万km。太陽系内では地球からいちばん近い天体だが、アポロ宇宙船以後、人類は訪れていない。

●片道約2～5日の飛行で到着

地球から月への航行は、前項でも述べた「ホーマン軌道」の考え方を使って実現することができる。地球を中心にした2つの円軌道をイメージする。1つは地球上空の周回軌道。もう1つは月の軌道だ。このとき、地球周回軌道上の1点を近地点、月の軌道上の1点が遠地点となるような楕円形の軌道のうちいちばん効率のよいものが、地球から月へ向かうためのホーマン軌道となるわけだ。

このような軌道を飛ぶには、地上から打ち上げた宇宙船を、まず地上約200kmと低高度の周回軌道に乗せる。この軌道は「パーキング軌道」または「待機軌道」と呼ぶ。パーキング軌道上の宇宙船がロケット・エンジンを使って秒速約10.9kmまで加速すると、月へと向かう楕円形の軌道に乗ることができる。このように2つの軌道間を移動するために使われる軌道は、パーキング軌道に対して「トランスファ軌道」と呼ばれている。月までは約5日間の飛行だ。月に近付いたら、宇宙船の軌道修正用ロケット・エンジンを使って秒速約0.9kmの減速を行う。すると、宇宙船は月の上空を回る周回軌道へ乗る。さらに減速することで月面へ軟着陸することもできるが、**アポロ**宇宙船は、周回軌道上の宇宙船から月着陸船を分離して月面へ人を送り込んだ。月から地球へ戻るには、月の周回軌道上にある宇宙船で秒速約0.9kmの加速を行い、地球周回軌道へ向かうトランスファ軌道に乗ればよい。

なお、上記のような楕円形の軌道を使って月へ宇宙船を送る場合、実際には、地球と月の重力がつり合う「中立点」というポイントを遠地点とする軌道を使うのがふつうだ。また、最近は、加速を強めにすることで「放物線軌道」や「双曲線軌道」と呼ばれる軌道へ無人探査船などを乗せる手法が多く使われている。この方法なら月へ約2日で到達できる。

地球→月、月→地球の飛行の概念図

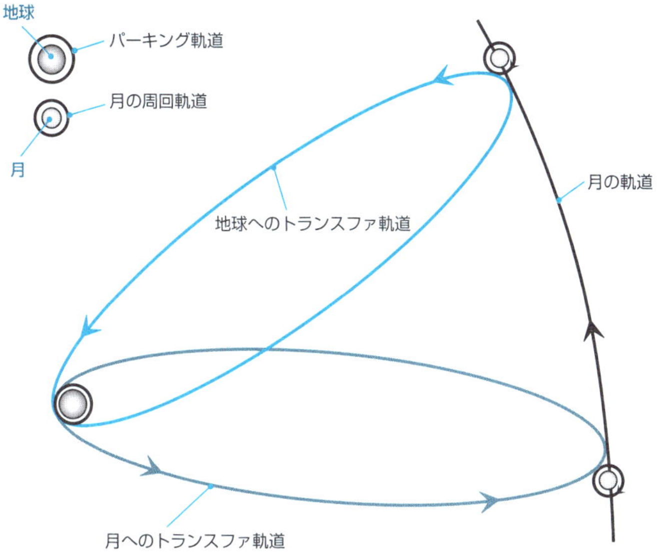

パーキング軌道	低高度（地上約200㎞）の周回軌道
トランスファ軌道	2つの軌道間を移動するために使われる軌道

月往復旅行の飛行手順

地上からパーキング軌道へ打ち上げ

▼

パーキング軌道で秒速約10.9㎞へ加速し、月へのトランスファ軌道に乗る

▼

月のそばで秒速約0.9㎞分の減速。月の周回軌道へ乗る

▼

月の周回軌道で秒速約0.9㎞の加速。地球へのトランスファ軌道に乗る

▼

地球のそばで秒速約3.1㎞の減速。地球周回軌道へ乗る

関連項目
●アポロ計画→No.026

No.006

地球から太陽系の惑星へ

To other planets of the solar system

同じ太陽系内とはいえ、他の惑星へは少なくとも数百日から数年、そしてさらに長い時間をかけた飛行が必要だ。

●打ち上げチャンスは意外と少ない

太陽系の惑星どうしの位置関係は常に変化し続ける。たとえば、最初に有人探査が行われる可能性が高い火星は、地球からの距離がおよそ5,500万km～9,900万kmの範囲で変化する（平均すると約7,800万kmくらい）。もっとも近くなるときでさえ、月との距離に比べると約145倍だ。必然的にミッションは長期にわたり、必要な燃料や物資も増えることになる。

なるべく燃料を節約して火星へ向かうには、「ホーマン軌道」の考え方を使ったトランスファ軌道に乗る飛行が有効だ。基本的には月への飛行と同じで、地球上空のパーキング軌道に近地点、火星の公転軌道上に遠地点がある楕円形の軌道が、火星へ行くためのホーマン軌道となる。

月へ行く場合と異なるのは加速の度合いだ。火星へ行くには地球の重力を振り切る必要があるので、「脱出速度」とも呼ばれる「第2宇宙速度（秒速約11.2km）」を上回る「秒速約11.4km」へ加速する。すると宇宙船は火星公転軌道へのトランスファ軌道に乗る。約260日後、火星に近付いたらロケット・エンジンで速度を調節し、宇宙船の速度を火星が公転軌道を進む速度へ合わせながら火星上空の周回軌道へ入るのである。

他の惑星へも同様の方法で行くことができる。ただし、ホーマン軌道を使った飛行は到着までに時間がかかる。そこで、最近の宇宙探査機は、打ち上げの方向や速度を調節することで「準ホーマン軌道」というコースに乗せられるのが一般的だ。準ホーマン軌道を使うと、ホーマン軌道の場合よりも速く目的地に到達できる。

なお、ホーマン軌道を利用する場合、地球と火星の位置関係が出発に最適となるタイミングは780日ごとにしかやってこない。出発直前のトラブルなどでタイミングを逃さないように、事前の周到な準備が必要となる。

火星へ向かう場合の飛行

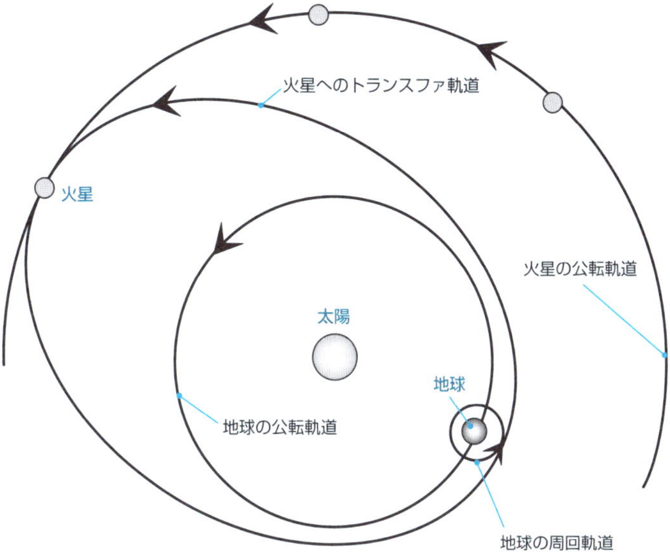

各惑星のデータ

惑星名	地球からの距離（平均）	公転周期	会合周期
水星	9,200万km	0.241年	116日
金星	4,100万km	0.615年	584日
火星	7,800万km	1.881年	780日
木星	62,900万km	11.86年	399日
土星	12,800万km	29.46年	378日
天王星	27,000万km	84.01年	370日
海王星	43,500万km	164.79年	368日

公転周期	太陽系の場合、各惑星が太陽の周りを1周するのにかかる時間を指す。地球の公転周期は約1.00004年（約365.25636日）である。

会合周期	ある時点における太陽、地球、およびある惑星の位置関係が、再び同じになるまでの時間

No.007

地球から外宇宙へ

Depart from the solar system

太陽系を飛び出して、他の恒星系を目指す有人飛行を実現するには、現在よりも強力なロケットの実用化が必須だ。

●恒星間飛行はスケールが違う

太陽の次に地球から近い恒星であるケンタウルス座の「α《アルファ》星」を目標とする航行はどんなものになるだろうか。α星までの距離は約4.3光年。光の速さで一直線に宇宙船を飛ばしても片道で4年以上かかる。仮に現代の化学式ロケット（液体燃料ロケットや固体燃料ロケット）を使って、太陽の重力を振り切るのに必要な「第3宇宙速度（秒速約16.7㎞）」で飛び続けたとしても、数万年以上かかって到着する計算だ。残念ながら、現実的な有人ミッションを行うには無理がありすぎる。

恒星間航行の実現を視野に入れるためには、現在の一般的な化学ロケットを大幅に上回る性能をもった推進機関が必要だ。原子ロケットなど、いくつものアイディアが研究されているので、実用化を期待したい。

また、ロケットの問題をクリアできたとしても、恒星間航行のミッションには非常に長い時間がかかる。乗員は、どんなに少なく見積もっても数十年以上の時間を船内で過ごすことになる。居住環境や医療体制の整備、乗員の心のケアなどについての十分な検討が重要だ。航行に必要な機材や物資を十分に積み込める容積も必要である。

さらに、恒星間航行中は宇宙船と地球の距離が非常に遠くなるため、人員や物資の受け渡しはもちろん、音声やデータによる実用的な交信もできなくなってしまう。したがって、宇宙船は完全に自律的な航法で飛行し続けられるようでなければならない。不慮の事態などにも柔軟に対応し、船体の状態や航路を正しく維持できる高性能なコンピュータ・システム、およびシステムを長期にわたって安定稼働させるためのメンテナンス技術やバックアップ・システムも必要だろう。これらの条件を満たす有人宇宙船の実現は、まだまだ夢の段階だ。

研究・開発されているロケット

化学式ロケット　化学的な燃焼によって発生するガスを用いる

現在実用化され、数多く打ち上げられている

非化学式ロケット　化学的な燃焼ガスを用いない

恒星間航行の実現を視野に入れ、いくつものアイディアが研究されている

原子力ロケット	ソーラー・セイル
推進剤を噴出させるためのエネルギーを、原子炉の熱で供給する方法	光を反射する巨大な帆を張り、光の粒子を反射する際に発生する力を推進力に使う方法

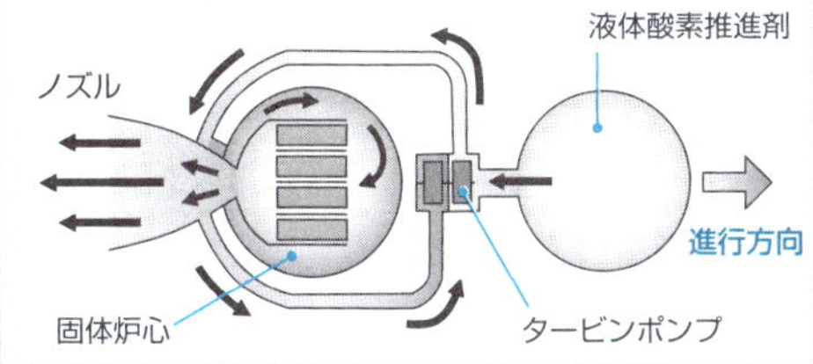

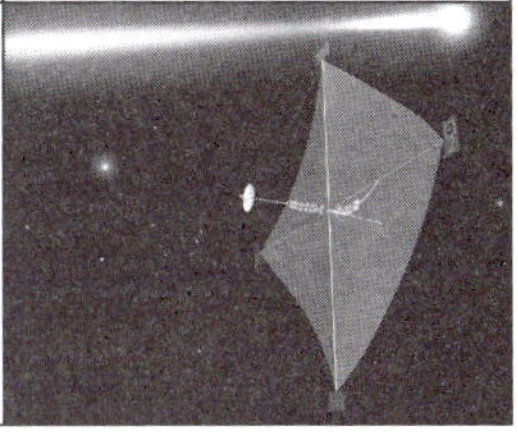

▲提供：NASA

その他の非化学式ロケット	
電気ロケット	イオンロケット、プラズマロケット、電気熱ロケットとも。推進剤をイオン化またはプラズマ状態にし、そのあと電気や磁気の力を利用して噴射する。小型のものは人工衛星などの制御用として実用化されている
星間ラムジェットロケット	宇宙空間にある希薄なガスや細かい塵を吸い込み、そこから取り出した水素を集めて核融合させ、それを噴射して推進する
パルスロケット	核爆弾を連続的に爆発させ、その反動で推進する
レーザー推進ロケット	地上等からロケットにレーザーを照射して、それを受けて推進する
核融合ロケット	水素等の核融合物質を核融合させてそれを噴射して推進する
光子ロケット	物質と反物質は反応すると、高いエネルギーの光になる。そのエネルギーを利用して推進する

関連項目

●宇宙船の燃料→No.012

No.008

宇宙を行く速度

Escape velocity

宇宙船が目的とする飛行軌道へ乗るには、それぞれに最適な速度というものがある。ここでは「宇宙速度」を中心に説明する。

●遅すぎても速すぎてもいけない

宇宙船が地上へ落ちてくることなく、地球周回軌道をぐるぐると飛び続けるためには、ある程度の速度が必要だ。空気抵抗を考えなければ、地上から秒速7.9km（時速28,440km）の速さで打ち出すことによって、宇宙船を地上ぎりぎりの周回軌道で飛行させることができる。この速度を「第1宇宙速度」という。第1宇宙速度は惑星の大きさや質量によって変わるので、「秒速7.9km」は地球固有の第1宇宙速度である。

飛行する軌道が高くなるにつれて、飛行し続けるために必要な速度は少しずつ下がる。たとえば、**スペースシャトル**・オービタが一般的に飛行する高度は350～400kmくらいだ。地上約350kmを飛んでいるときの速度は、およそ秒速7.7km。時速に直すと約27,720kmとなる。高度約36,000kmの周回軌道（静止軌道）を飛行する人工衛星の速度は、秒速約3kmだ。

太陽系内の惑星探査などに出かけるには、地球の重力を振り切って飛行する必要がある。この場合に必要となる最低速度は秒速約11.2kmで、「第2宇宙速度」や「地球脱出速度」と呼ばれる。

太陽の重力を振り切って太陽系から飛び出すためには、秒速約16.7km以上の速度が必要だ。この速度は「第3宇宙速度」や「太陽脱出速度」といい、太陽系外の恒星系を目的地とした宇宙船などの発射に使われる。ただし、これは地球上から出発する場合の速度だ。地球は秒速約29.8kmで太陽の周りを公転しているので、必要な速度が前もって補われているのだ。地球の公転軌道上を単独で飛行する宇宙船が太陽系を脱出するためには、秒速約42.1kmの速度が必要となる。なお、これまでに太陽系を飛び出した無人探査船の中には、「第3宇宙速度」に達していない速度で出発し、途中で「スイングバイ」という方法を使って速度を補った例もある。

いろいろな速度

呼称	速さ（秒速）	説明
音速	約 340m	1気圧、摂氏15度の空気中の場合
第1宇宙速度	約 7.9km	地上すれすれの地球周回軌道を飛ぶために最低限必要な速度
第2宇宙速度	約 11.2km	地球の重力を振り切るために最低限必要な速度
第3宇宙速度	約 16.7km	太陽の重力を振り切るために最低限必要な速度
亜光速度	約 30万km	光速度に迫る速度のこと
光速度	約 30万km	真空中の光の速度
超光速度	30万km以上	光速度を超える速度のこと

スイングバイの仕組み（木星を利用する場合の例）

スイングバイとは	他の天体を利用して飛行軌道を変えたり、飛行速度を変えること

▼

スイングバイの利点	大きなロケット・エンジンを装備していなくても、軌道修正や加速・減速が可能

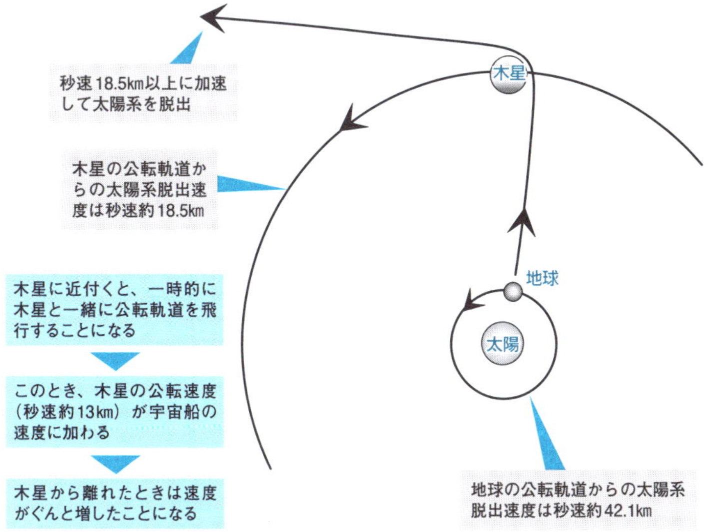
秒速18.5km以上に加速して太陽系を脱出
木星
木星の公転軌道からの太陽系脱出速度は秒速約18.5km
木星に近付くと、一時的に木星と一緒に公転軌道を飛行することになる
このとき、木星の公転速度（秒速約13km）が宇宙船の速度に加わる
木星から離れたときは速度がぐんと増したことになる
地球
太陽
地球の公転軌道からの太陽系脱出速度は秒速約42.1km

関連項目
●スペースシャトル計画→No.028

No.009

超光速航法

FTL(Faster Than Light) travel

宇宙船で光よりも速く旅するための航法は、今のところ架空のものでしかない。しかし、絶対に実現が不可能と証明されているわけでもない。

●相対性理論への挑戦

相対性理論にそって考えると、質量のあるものを光の速度へ徐々に近付けることはできても、光速以上の速さで移動させることは実現できないと思ったほうがよい。物体の移動速度が速くなるほど、その物体の相対的な質量も増えることになっているからだ。とはいえ、光よりも速い速度で宇宙空間を移動できる航法が開発されたら、人類は宇宙全体を自由に行き来できるようになるはずだ。このような夢の「超光速航法」は、物理学上の発見や研究結果をヒントにして多数考案されており、SF小説や映画、アニメーションなどに登場している。また、学術的な考察として発表されたものの中にも、非常な注目を集めた理論や技術は多い。

たとえば「ワームホール」。離れた2つの場所を直結するトンネルのようなもので、そこを通過できれば、はるかに遠く離れた場所へも素早く移動できるのではないかといわれている。他の恒星系と地球近辺をつなぐワームホールがあれば、宇宙船でそこを通過することにより、超光速航法を実現したことになる。また、ワームホールを人為的に作る技術が確立されたら、宇宙のどこへでも光より速く到達できるはずだ。ただし、残念ながら人間や宇宙船が通り抜けられるワームホールは、計算上「存在することが不可能とはいえない」とされているに過ぎない。

『スタートレック』や『**宇宙戦艦ヤマト**』に登場する「ワープ航法」も、言葉としては市民権を得ているが、実現の可能性は極めて低い。しかし、実現性を別にすれば、フィクションの中に取り入れられたさまざまなアイディアは夢を広げてくれるし、作品を魅力的にする大きな力ももっている。いつの日か、フィクションに登場した超光速航法が実用化される日を楽しみに待ちたいものだ。

超光速航法と相対性理論

超光速航法：光速を超える速度で宇宙を航行する技術はSF作品に不可欠なので、さまざまな架空の理論に基づく航法が考え出されている

↓

相対性理論：
- 物体の移動速度が上がるに従って、相対論的質量も増加する

↓

- このため、単純に物体の移動速度を上げ続ける（加速し続ける）だけでは、光速に達したり光速を超えたりすることはできない

↓

今のところ、超光速航法の実現は事実上不可能

フィクションに登場する超光速航法	登場作品	内容
ハイパースペース・ジャンプ	ファウンデーション	ハイパー・スペースを経由して空間転移
ハイパードライブ航法	スター・ウォーズ	ハイパードライブエンジン推進
ワープ航法	スタートレック	亜空間フィールドで船体を包み、光速の壁を超える
ワープ航法	宇宙戦艦ヤマト	空間の曲がりを利用して最短距離を移動する

ワームホール（worm-hole）

ワームホール：離れたA、Bの2地点を結ぶトンネルのような通り道

ワームホールという名前は「虫喰い穴」に由来し、ジョン・アーチボルト・ホイーラーが1957年に命名した。たとえば、リンゴの表面の2点間を虫が移動する場合、表面をはっていくよりも実を掘り進むほうが移動距離は短くて済む、というもの

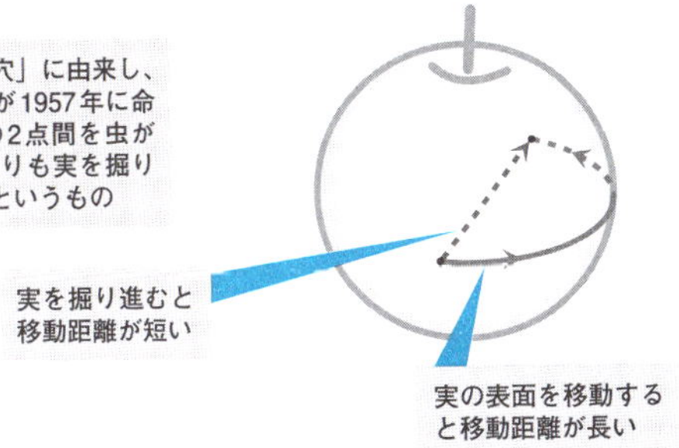
実を掘り進むと移動距離が短い
実の表面を移動すると移動距離が長い

関連項目

●宇宙戦艦ヤマト→No.077

No.010

打ち上げ基地

Rocket launch sites

各国のロケット打ち上げ基地は、安全性や打ち上げ効率の確保など、いろいろな条件を考慮して建設されている。

●低緯度にあるほど燃料を節約できる

ロケットの打ち上げ基地は射場《しゃじょう》とも呼ばれ、海や砂漠などに面して人口密集地域から離れた場所へ作られていることが多い。打ち上げ時の騒音や振動、また打ち上げ後のロケットから分離された部品などが、人間の居住地域へ悪影響を及ぼさないようにするためである。

打ち上げ基地の立地条件としてもうひとつ重要なのは緯度だ。一般には可能な限り緯度の低い（赤道寄りの）場所が選ばれる。そのほうが、地球の自転速度を効果的に利用してロケットを打ち上げられるからだ。他の条件が同じであれば、緯度が低い場所ほど多くのペイロードを打ち上げられるし、同じペイロードを運ぶ場合は必要となる燃料を節約できるのだ。

北極上空から見ると、地球は反時計回りに自転している。自転軸の真上にあたる北極点や南極点を別にすれば、地球上のすべての場所は、自転軸を中心に西から東へ向けて常に移動し続けているわけだ。地表にいる私たちが具体的に体感する機会はまずないが、実際の移動速度（以後、表面速度と記述）は非常に速い。たとえば日本付近の表面速度は時速約1,400kmで、摂氏0度・1気圧での音速（時速約1,193km）よりも速いのだ。地球は球形なので、緯度によって表面速度は異なる。もっとも速いのは赤道付近で、時速約1,670kmだ。この速度をうまく味方に付けてロケットを打ち上げれば、少ない燃料で効果的に速度をかせぎ出すことができるのである。

表面速度の恩恵を最大限に生かすには、打ち上げ方向を真東に設定すればよいのだが、実際には真東にばかり打ち上げられるわけではない。宇宙船や人工衛星などのペイロードをどんな軌道に向けて運ぶかによって最適な打ち上げ方向は異なってくるからだ。また、安全上の問題から真東へは打ち上げられない基地もある。

世界の主なロケット打ち上げ基地

打ち上げ基地の条件	
	・人口密集地域から離れた海や砂漠などに面する場所
	・可能な限り緯度の低い（赤道寄りの）場所

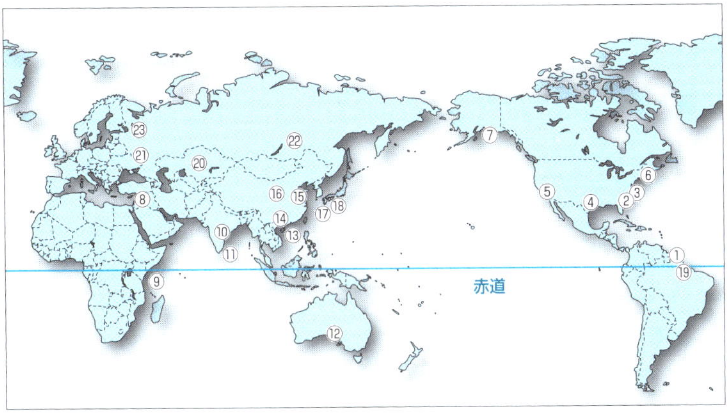

	名称	国名、機関名	所在地
①	ギアナ宇宙センター	ESA	フランス領ギアナ
②	スペースポート・フロリダ	アメリカ	フロリダ州（アメリカ）
③	ケネディ宇宙センター / ケープ・カナベラル空軍基地	アメリカ	フロリダ州（アメリカ）
④	ホワイトサンズ射場	アメリカ	ニューメキシコ州（アメリカ）
⑤	ヴァンデンバーグ空軍基地	アメリカ	カリフォルニア州（アメリカ）
⑥	ワロップス射場	アメリカ	ヴァージニア州（アメリカ）
⑦	コディアック射場	アメリカ	アラスカ州（アメリカ）
⑧	パルマチン空軍基地	イスラエル	テルアビブ南方（イスラエル）
⑨	サンマルコ射場	イタリア	ケニア共和国沖の海上
⑩	ツンバ射場	インド	ケーララ州（インド）
⑪	スリハリコタ宇宙センター	インド	アーンドラ・プラデーシュ州（インド）
⑫	ウーメラ射場	オーストラリア	南オーストラリア州（オーストラリア）
⑬	海南島ロケット射場	中国	海南省（中国）
⑭	西昌宇宙センター	中国	四川省（中国）
⑮	太原宇宙センター	中国	山西省（中国）
⑯	酒泉宇宙センター／東風射場	中国	甘粛省（中国）
⑰	種子島宇宙センター	日本	鹿児島県熊毛郡南種子町
⑱	内之浦宇宙空間観測所	日本	鹿児島県肝付町
⑲	アルカンタラ射場	ブラジル	マラニョン州（ブラジル）
⑳	バイコヌール宇宙基地	ロシア	カザフスタン共和国
㉑	カープスチン・ヤール射場	ロシア	アストラハン州（ロシア）
㉒	スヴォボドヌイ射場	ロシア	アムール州（ロシア）
㉓	プレセーツク射場	ロシア	アルハンゲリスク州（ロシア）

No.011

宇宙船の推進機関

Rocket engine

現実の宇宙船は、打ち上げ用ロケット、および宇宙船の両方がロケット・エンジンを推進機関として使っている。

●真空中でも使える推進機関

現実の宇宙船や打ち上げ用ロケットでは、いろいろな大きさのロケット・エンジンが目的別に使われている。中でもよく使われるのは、液体燃料や固体燃料を使う化学式ロケット・エンジンだ。化学式ロケット・エンジンは、燃料を燃やすことによって発生した高圧のガスを勢いよく噴射することで推進力を得る。燃料を燃やすために必要な物質（酸素、または酸素の代わりをするもの）は「酸化剤」といい、燃料と酸化剤の2つをまとめて「推進剤」と呼ぶ。必要となる推進剤をタンクなどに詰めて備えておけば、宇宙空間などの真空状態でもロケット・エンジンは作動する。

宇宙船を地上から宇宙空間へ送り出すには、莫大なパワーが必要となる。フィクションの宇宙船は、地上からヘリコプターや飛行機のように離陸し、宇宙を自在に飛び回れる推進機関を備えている。しかし、このように便利な推進機関は今のところ実在しない。実際に宇宙船の打ち上げに使われるロケットはいろいろあるが、全重量のほぼ70～90％が推進剤の重量である。たとえばH-ⅡAロケットの1段目は、約88.7％にあたる101.1tが推進剤で、それをわずか6分30秒で使い切ってしまうのだ。

宇宙空間では空気抵抗や重力の影響がぐんと減るので、打ち上げ用ロケットのように大きなロケット・エンジンを使わなくても船体をコントロールできるようになる。飛行中の軌道を変えたり加速や減速をしたりするためのエンジンは「軌道修正用ロケット・エンジン」、または軌道操作システム「OMS（Orbital Maneuvering System）」などと呼ぶ。また、船体の飛行姿勢を変更する際などに使われる小型の「姿勢制御用ロケット・エンジン」は、「リアクション・コントロール・システム」と呼ばれている。これらのロケット・エンジンを「スラスタ」と総称することも多い。

化学式ロケット・エンジン

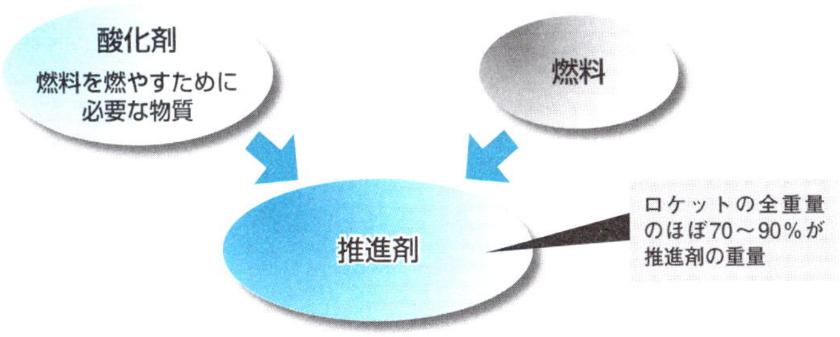

化学式ロケット・エンジンの仕組み（液体燃料の場合）

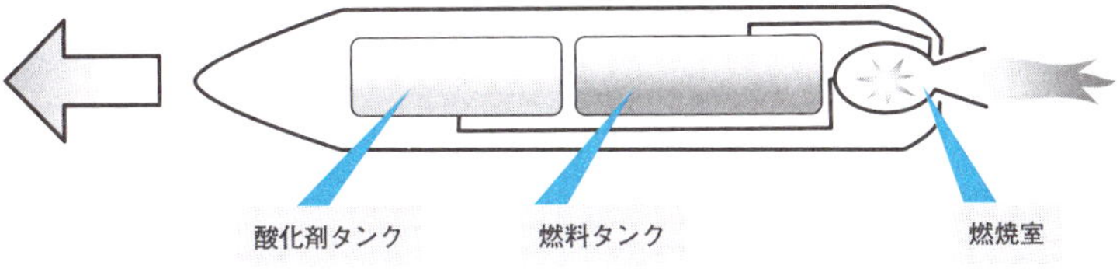

宇宙船のエンジン（スペースシャトル・オービタの例）

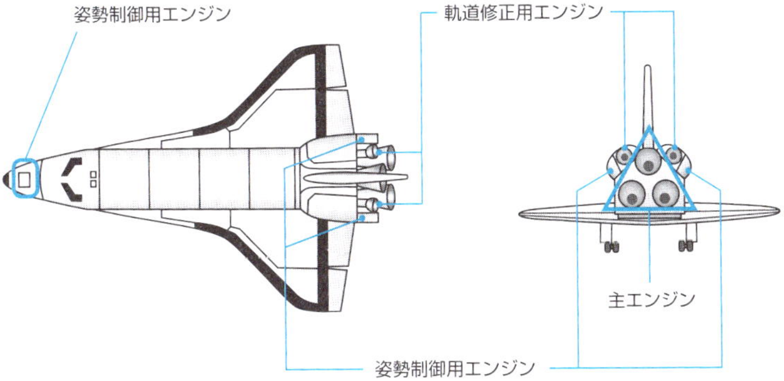

関連項目

●宇宙船の燃料→No.012
●H-Ⅱロケット→No.069

No.012

宇宙船の燃料

Rocket propellant

化学式ロケット・エンジンに使われる推進剤は、ロケットの機種によってさまざまだ。代表的なものを紹介しよう。

●大型ロケットは液体燃料式が主流

化学式ロケット・エンジンは、利用する推進剤によって3つに分けることができる。1つ目は液体燃料ロケット・エンジン。液体状の酸化剤と燃料を個別のタンクから送り出して燃焼させるタイプだ。2つ目は固体燃料ロケット・エンジンで、酸化剤と燃料を混ぜ合わせた固体状「コンポジット推進剤」を利用するタイプ。3つ目は前記2タイプの特徴を併せもつハイブリッド・ロケット・エンジンで、液体（または気体）状の酸化剤と固体状の燃料を使用する。

液体燃料ロケット・エンジンは、燃料と酸化剤の送り出し方を調節することで推進力を変えたり、燃焼を一時的に停止させたり、ふたたび点火したりする「燃焼制御」ができる。このため、大型ロケットの主エンジン、宇宙船の軌道修正用エンジンや姿勢制御エンジンに多く用いられている。**スペースシャトル**の主エンジンも液体燃料ロケット・エンジンである。

固体燃料ロケット・エンジンは、いったん点火すると燃焼の一時停止や再点火は非常に難しい。その代わり、液体燃料ロケット・エンジンに比べると構造を簡単にできるし、大きさの割には強力なロケットを作れる。推進剤の蒸発などを心配する必要がないので保管などにも便利だ。大型ロケットの打ち上げ時に推力を補う「補助ブースタ」として使われるロケットは、固体燃料ロケット・エンジンを使ったものが多い。

ハイブリッド・ロケット・エンジンは、酸化剤の送り出し方を調節することで、液体燃料ロケット・エンジンと同様の燃焼制御が可能だ。世界初の民間による有人宇宙船となった**スペースシップワン**には、燃料に末端水酸基ポリブタジエン（HTPB）、酸化剤に亜酸化窒素を用いるハイブリッド・ロケット・エンジンが搭載されていた。

主な化学式ロケット・エンジン

液体燃料ロケット・エンジン

- 液体状の酸化剤と燃料を利用
- 燃焼制御ができる
- ロケットの主エンジン、軌道修正用エンジン、姿勢制御エンジンなどに多く用いられる

固体燃料ロケット・エンジン

- コンポジット推進剤（酸化剤と燃料を混ぜ合わせた固体）を利用
- 構造を簡単にできる
- ロケットの補助ブースタなどに多く用いられる

ハイブリッド・ロケット・エンジン

- 上記2タイプの特徴を併せもつ。液体（または気体）状の酸化剤と固体状の燃料を使用する
- 酸化剤の送り出し方を調節することで、燃焼制御が可能

酸化剤と燃料の主な組み合わせ（液体燃料ロケット）

	酸化剤		燃料
スペースシャトル（主エンジン） H-IIA（第1、2段）	液体酸素	×	液体水素
ソユーズU（第1、2段） ゼニット3SL（第1～3段）	液体酸素	×	ケロシン
アリアン5（第2段）	四酸化二窒素	×	モノメチル・ヒドラジン （MMH）

コンポジット推進剤の主要材料

コンポジット推進剤

- **結合剤**（混合した酸化剤と燃料を固める）
  合成ゴムやプラスチック（ポリブタジエン、ポリウレタンなど）
- **酸化剤**
  過マンガン酸カリウム、過塩素酸アンモニウムなど
- **燃料**
  粉末アルミニウムなど

関連項目

●スペースシャトル計画→No.028
●スペースシップワン→No.067
●地球から外宇宙へ→No.007

No.013

宇宙船の材質

Materials of a spaceship

宇宙船の船体は、宇宙空間の温度変化や放射線などに耐えられなくてはならない。また、可能な限り軽さと丈夫さを両立させる必要がある。

●アルミニウム合金＋耐熱材

宇宙船の船体には、軽くて丈夫なアルミニウム合金が多く使われる。**スペースシャトル**・オービタの船体には、そのほかにもニッケル合金の「インコネル」や、チタン合金なども使われている。

船体などを形作るためのパネルは、これらの合金を利用した「ハニカム・サンドイッチ・パネル」という構造になっていることが多い。ハニカム（Honeycomb）とは蜂の巣のことで、蜂の巣のように六角形の小さな区画が集まった構造を「ハニカム構造」と呼ぶ。先述の合金でハニカム構造の板を作り、その両面に表面となる板を貼り付けると、軽くて丈夫、しかも断熱性が高いハニカム・サンドイッチ・パネルのできあがりだ。パネルの芯材《コア》にハニカム構造のアルミニウム合金が使われている場合は、アルミニウム・ハニカム・コアなどという呼び方をする。

地上へ帰還する際に大気圏へ再突入するときは、宇宙船の船体が非常に高い温度にさらされる。スペースシャトル・オービタの場合、もっとも温度が高い部分は摂氏約1,250度にもなる。この高温から船体を守るのは、船体表面に貼り付けられた各種の耐熱素材だ。スペースシャトル・オービタでは、もっとも高温になる船体の先端部や主翼の前縁部などに、強化カーボンカーボン（RCC：reinforced carbon-carbon）という素材が使われている。この素材は摂氏－157～1,650度の範囲で利用が可能だ。

スペースシャトル・オービタのコクピットなどにある窓には、石英から作られる「シリカガラス」が使われている。窓によってガラスの厚さは異なり、3枚、または2枚のガラスを合わせた構造になっている。いちばん外側のガラスは摂氏約430度の温度に耐えることができる。また、宇宙空間を高速で飛んでいるゴミなどの衝突に耐えられるように強化されている。

ハニカム・サンドイッチ・パネルの仕組み

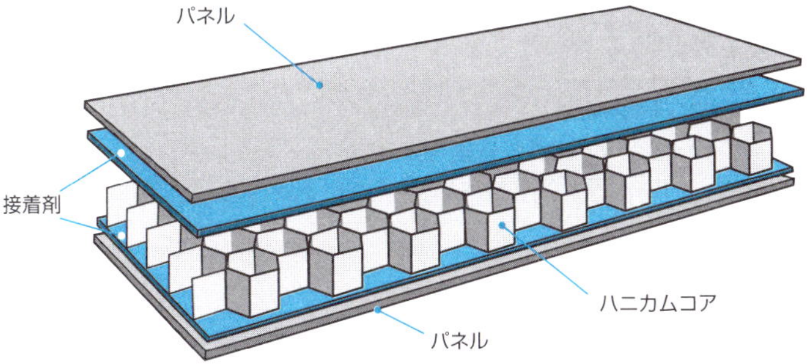

スペースシャトル・オービタの材質

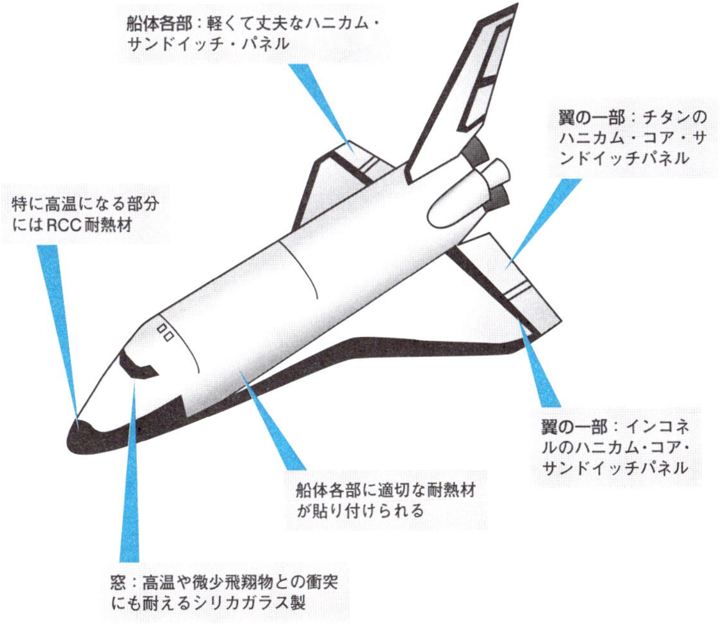

関連項目

●スペースシャトル計画→No.028

No.014

宇宙船の中

The inside of a spaceship

スペースシャトル・オービタや国際宇宙ステーションは、いろいろな意味で地上にいるときと近い環境で生活できるようになっている。

●船内では軽装で過ごせる

フィクションに登場する多くの宇宙船は、何らかの手段で人工的な重力を確保しているらしく、宇宙空間でも地球上と変わらない感覚で生活できるようになっているようだ。しかし、現実の宇宙船が宇宙空間を航行しているとき、船内は無重量状態である。地上にいる感覚で机や棚にものを置くと、空中へふわふわと漂い出してしまう。**スペースシャトル**・オービタ（以後、本項ではシャトルと記述）では、壁面のあちこちに面ファスナーが取り付けられており、同じく面ファスナーが付いた生活用品や作業用具を貼り付けて固定する方法がよく使われている。

物が重力で自然と落下する地上とは異なり、無重量状態で暮らすには、食事やトイレでの排泄にも独特な慣れが必要となる。しかし、無重量状態の特殊な感覚を除くと、シャトルや**国際宇宙ステーション（ISS）**の内部は、地球上とよく似た環境で暮らせるように整備されている。シャトル船内は1気圧で、酸素20%・窒素80%の空気で満たされている。これは地球上の海面とほぼ同じ状態である。酸素と窒素は船体に積まれているタンクから供給される。呼吸によって排出される二酸化炭素は、水酸化リチウムという物質を使って除去される。換気ファンによって常に循環している空気は、水酸化リチウムの入った缶状の容器を通り抜ける際に二酸化炭素を吸い取られるのである。トイレなどの臭いが漂わないように、空気は活性炭を使った脱臭フィルターも通過するようになっている。

船内の室温はコクピットにあるスイッチで調節可能。通常は摂氏約18〜27度の範囲になっている。湿度は約30〜65%。したがって、乗組員は軽装で過ごせる。なお、シャトルの居住区はそれほど広いわけではないため、乗員の個室はない。寝るときは壁面などに固定できる寝袋に入る。

宇宙船内と船外の環境（スペースシャトル・オービタ）

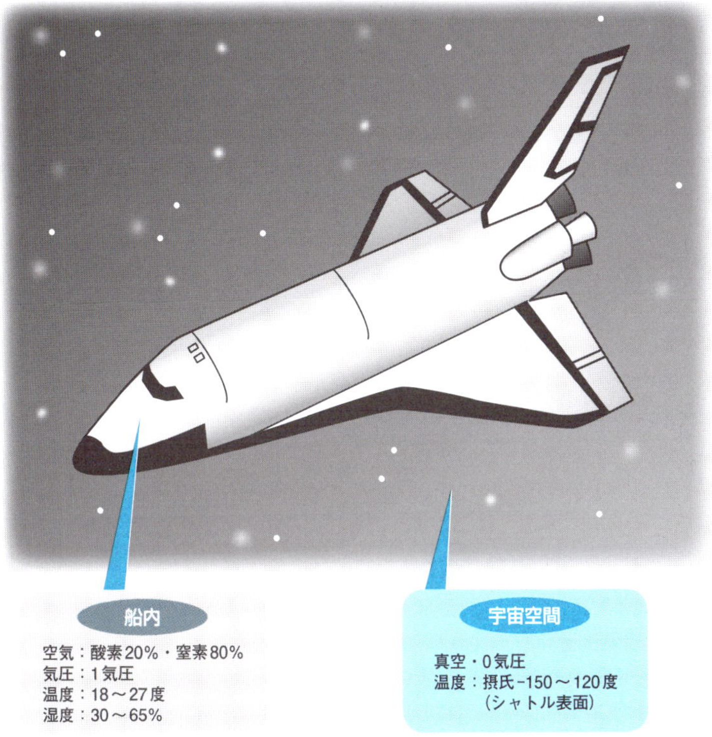

❖ 人工的に重力を作り出すには

SF作品には、車輪のような形をした大きな構造物を回転させている宇宙ステーションがよく登場する。車輪状の構造物内は人間の居住空間として使えるようになっていて、回転による遠心力が擬似的な重力としてはたらく仕組みだ。このような宇宙ステーションに乗っている場合は、回転軸のある方向を上と感じられるはずだ。国際宇宙ステーションにも、人工重力を発生する居住用モジュールの導入が検討されたことはあるようだが、実現には至っていない。

関連項目
●スペースシャトル計画→No.028
●国際宇宙ステーション（ISS）→No.065

No.015

エアロックの仕組み

Air lock

船外活動などで、宇宙船内と宇宙空間を行き来しなければならないときに重要な役割を果たすのが「エアロック」である。

●外へ空気を漏らさない

エアロックは、宇宙船内の居住区と宇宙空間をつなぐ小部屋のような設備だ。エアロックと居住区、およびエアロックと宇宙空間は、それぞれ空気が漏れないようにしっかりと閉まるハッチ式のドアで仕切られている。

船外活動（EVA）のために宇宙空間へ出るときは、エアロックに入って居住区側のハッチを閉じる。宇宙服を着るなどの準備が整ったら、宇宙空間側のハッチを開けて外へ出る。このとき、エアロック内は宇宙空間と同じ環境になるが、居住区側のハッチはしっかり閉めてあるので、居住区まで影響が及ぶことはない。EVAを終えたら、エアロックへ入って宇宙空間側のハッチを閉める。エアロック内の気圧や空気を居住区と同じに調整し、EVAの後始末が終わったら、居住区側のハッチから船内へ戻るのだ。

スペースシャトル・オービタは、ペイロードベイの前部に搭載されている**国際宇宙ステーション（ISS）**とのドッキング・システムをエアロックとして使っている。ISSのクエスト・モジュールとピアース・モジュールにもそれぞれ独立したエアロックがあり、船体を組み立てるEVA作業などに利用されている。ただし、ロシア製であるピアース・モジュールのエアロックは、ロシア製の宇宙服を着ていなければ使えないという制約がある。アメリカ製のクエスト・モジュールは、アメリカだけでなくロシアの宇宙服でも利用することができる。

スペースシャトル・オービタやISSの内部は空気で満たされ、地球上とほぼ同じ1気圧だ。これに対して宇宙空間は真空状態にあり、気圧はほぼゼロである。このように2つの環境が大きく異なるときは、事前にある程度の時間をかけて身体を慣らしてから移動する必要がある。エアロックは、そのための待機場所としても使われる。

エアロックの使い方

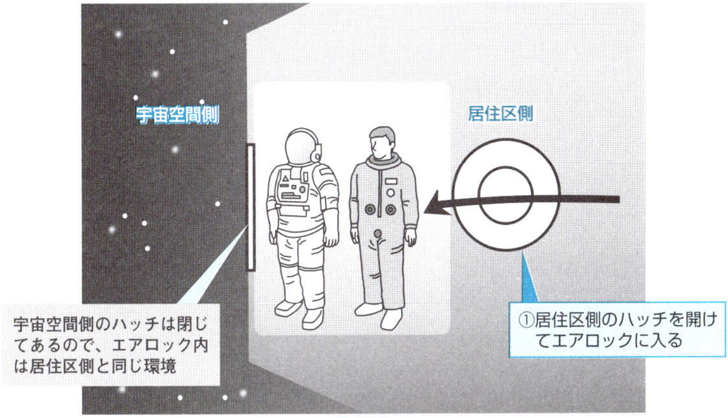
宇宙空間側
居住区側
宇宙空間側のハッチは閉じてあるので、エアロック内は居住区側と同じ環境
①居住区側のハッチを開けてエアロックに入る

②居住区側のハッチを閉めて、宇宙服を着るなど、船外活動の準備をする

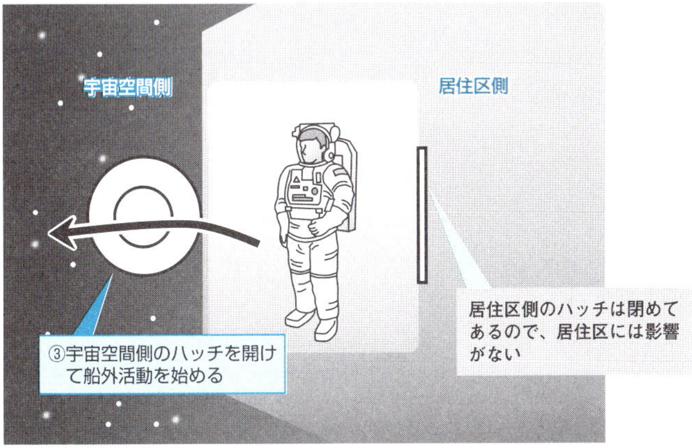
宇宙空間側
居住区側
③宇宙空間側のハッチを開けて船外活動を始める
居住区側のハッチは閉めてあるので、居住区には影響がない

④船外活動を終えたら、エアロックへ入って宇宙空間側のハッチを閉め、エアロック内の気圧や空気を居住区と同じに調整し、後始末が終わったら、居住区側のハッチから船内へ戻る

関連項目

●船外活動→No.016
●スペースシャトル計画→No.028
●国際宇宙ステーション（ISS）→No.065

No.016

船外活動

Extra-vehicular activity (EVA)

宇宙船の外に出て活動することを「船外活動（EVA)」という。宇宙遊泳（Spacewalk）ということばも同じ意味で使われる。

●宇宙服は小さな宇宙船

船外活動は、宇宙ステーションの組み立てや修理、宇宙空間を利用しての実験活動などを目的に行われる。**スペースシャトル**・オービタ（以後、シャトルと記述）の場合、1回の活動は約6～7時間だ。活動中は命綱（テザー）を装着する。命綱が切れて戻れなくなったときはシャトルが救助に向かう。また、救助が間に合わないときのために、飛行士は窒素ガスの噴出力で宇宙空間を移動できる小型スラスタ「SAFER」を携帯している。

船外活動の前には、スポーツのウォーミングアップにあたる作業が必要だ。船外活動中に着る宇宙服の内部は、船内の居住区と少し違った環境になる。この環境へ身体を適応させるには、ある程度の時間が必要なのだ。

シャトルの場合は、船外活動の12時間以上前から準備を始める。船外活動をする当人は酸素マスクを着け、100％の酸素で約60分間の呼吸をする。この後、船内の気圧を通常の約1気圧から約0.7気圧にまで減圧し、酸素マスクを外す。船外活動の1～2時間前になったらエアロックへ入り、宇宙服を着る。10分前後で宇宙服の中から窒素が除去されるので、その後約40～75分をかけて100％の酸素で呼吸する。これはプレ・ブリーズ（Pre-breathe）と呼ばれる作業で、身体にとけ込んでいる窒素を追い出すために行う。船外活動に出るときは宇宙服内の圧力を約0.3気圧まで減圧するのだが、プレ・ブリーズを行わずに減圧すると、体内の窒素が小さな気泡になって毛細血管を詰まらせてしまう「減圧症」という症状を起こすことがある。急性の減圧症では関節に痛みが出ることが多く、重い場合は後遺症が残ることもある。宇宙服内の減圧が済んだら、次はエアロック内を減圧して宇宙空間と同じ状態にする。これで宇宙空間へ出る準備が整った。宇宙空間側のハッチを開けて外へ出ることができる。

船外活動の歴史

年月日	説明	宇宙飛行士名	国籍
1965/3/18	史上初の船外活動	アレクセイ・レオーノフ	ソ連（当時）
1984/2/7	命綱を使わない史上初の船外活動	ブルース・マッカンドレス	アメリカ
1984/6/25	女性初の船外活動	スベトラーナ・サビツカヤ	ソ連（当時）
1997/11/25	日本人初の船外活動	土井隆雄	日本

宇宙服と生命維持ユニット

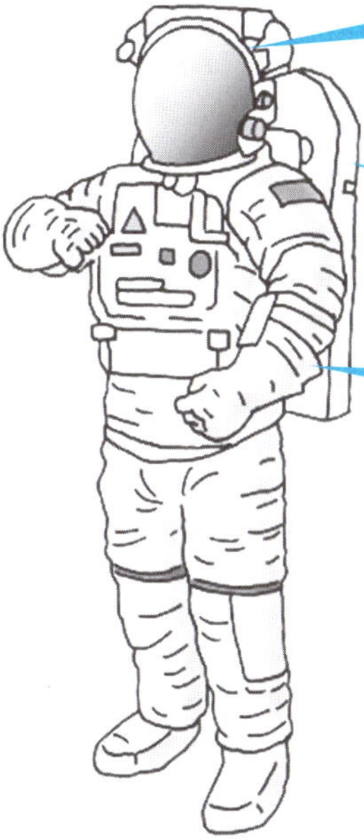

ヘルメット（宇宙服の一部）

照明用ライトやTVカメラはヘルメットの上に取り付ける

生命維持システム

宇宙服内の気圧と温湿度調整、酸素と電力の供給、呼吸による二酸化炭素などの除去

宇宙服

宇宙服内の気圧：約0.3気圧
宇宙服内の空気：100%酸素

宇宙服と生命維持システムを合わせて「船外活動ユニット（EMU）」と呼ぶ

宇宙服内には、余分な体温をとる上下つなぎ型の冷却下着を着用。また船外活動中はトイレに行けないので紙おむつ式の下着を着用

✤ 世界初！　宇宙服を流用した人工衛星

2006年2月、ISSから地球周回軌道へ放出された「スーツサット（SuitSat）」は、耐用期限が切れた宇宙服に無線機などを組み込んで作られた人工衛星だった。

関連項目

●国際宇宙ステーション（ISS）→No.065　●スペースシャトル計画→No.028

No.017

宇宙空間はどんなところ?

Outer space

「何もない」状態に限りなく近いのが宇宙空間である。人間が生きていくためには、必要な物をすべて宇宙船で持参しなければだめだ。

●生身では生きられない過酷な場所

宇宙空間は、地球上の大気や気圧にあたるものがほとんどない「真空」の場所である。少しだけ厳密に表現すると、「宇宙空間は真空度が非常に高い場所である」となる。真空度とは、大気圧に比べてどれくらい気圧が低いかをあらわすための目安で、完全な真空に近いことを「真空度が高い」と表現する。高度が高くなるほど真空度は高くなり、**スペースシャトル・オービタ**や**国際宇宙ステーション(ISS)**が飛行する高度400kmあたりからは「高真空」、高度1,000kmを超える宇宙空間は「超高真空」と呼ばれる状態になっている。物や圧力がまったくない状態は「絶対真空」と呼ばれるが、これはあくまでも概念的なものだ。宇宙空間も絶対真空ではないが、大気や気圧は十分に少ないので、本項では便宜的に宇宙空間には大気や気圧が「ない」と表現させていただく。

大気がないと、空気を呼吸して生命を維持している生物は生きられない。地球上なら大気によって遮られる有害な放射線を直に浴びてしまううえ、太陽の光が当たるところは非常な高温になり、光が当たらないところは非常な低温になってしまう過酷な状態だ。また、光を反射するものがないところは真っ暗になってしまう(宇宙船や惑星など光を反射する物体は、光の当たっている部分だけがくっきりと見えて、他は真っ暗になる)。いずれにしても、地上では考えられない特殊な状況といえよう。

反対に便利なこともある。たとえば、空気抵抗を考えなくてもよいので、宇宙空間のみを航行する宇宙船や宇宙ステーションはデザインの自由度が高くなる。また、航行中の宇宙船内は重さを感じなくなる無重量状態(無重力状態ともいう)になるので、真空と無重量状態を活用した各種の実験を試みることが可能となる。

宇宙空間を飛ぶスペースシャトル・オービタ

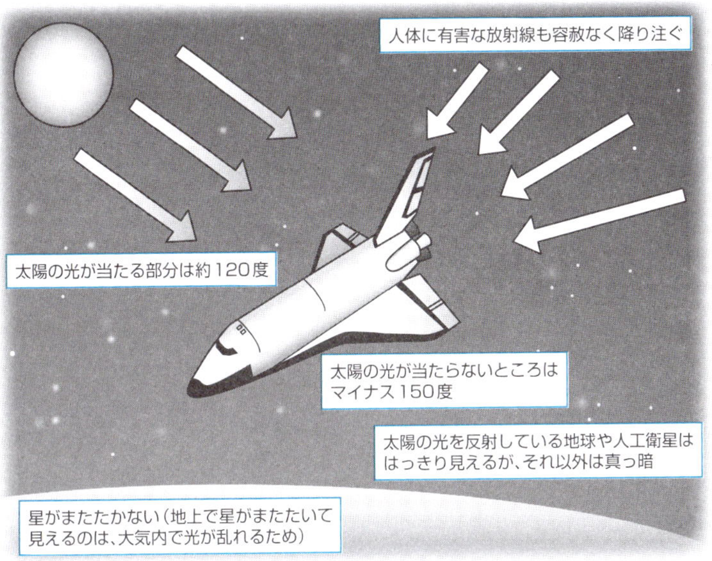
人体に有害な放射線も容赦なく降り注ぐ
太陽の光が当たる部分は約120度
太陽の光が当たらないところは
マイナス150度
太陽の光を反射している地球や人工衛星は
はっきり見えるが、それ以外は真っ暗
星がまたたかない（地上で星がまたたいて
見えるのは、大気内で光が乱れるため）

真空度

高度	真空度（単位：kPa）		場所
1,000km	高	1.33×10^{-11}（超高真空）	宇宙空間
400km	↕	1.33×10^{-9}（高真空）	国際宇宙ステーションの飛行軌道
200km		1.33×10^{-7}	パーキング軌道
1km		75	ジェット旅客機の飛行高度
0km	低	0	海面

真空度の表し方（ゲージ圧と絶対圧）

上記のように大気圧を基準として測った圧力は「ゲージ圧」といい、真空を基準として測った圧力は「絶対圧」という（ゲージ圧＝絶対圧－大気圧）。

関連項目

●スペースシャトル計画→No.028
●国際宇宙ステーション（ISS）→No.065

No.018

宇宙を旅するには?

Attention of a space trip

この数十年で海外旅行が身近なものとなってきたように、宇宙へ行くことが、それほど特別ではなくなる日がやって来そうだ。

●健康な人ならだれにもチャンスが

最近は、ある程度の資金と時間を用意することができる人ならだれでも宇宙旅行へ行けるようになってきた。たとえば、「スペース・アドベンチャーズ社」の旅行プランは18歳以上の人が対象。身長や体重についての制限はない。宇宙飛行士候補の募集に応募するしかなかったころに比べると、宇宙旅行へのハードルはぐんと低くなったのだ。とはいえ、ガイドさんの後をついていくだけのツアーほど楽ではない部分もある。**国際宇宙ステーション(ISS)**への滞在プランや、月への遊覧飛行プランでは、のべ約6～8か月間にわたって研修や健康状態のチェックを受ける必要があるのだ。

また、研修を受けても克服できそうにないのは「宇宙酔い」だ。乗り物酔いのような不快感や突然の嘔吐《おうと》などに見舞われ、訓練を受けた宇宙飛行士でも2人に1人はこの症状に悩まされている。三半規管が無重量状態へうまく対応できなくなることが原因ではないかともいわれているが、詳しい原因は不明である。症状は最初の2～3日で消えることが多く、症状を軽減する薬も見つかっているが、宇宙酔いをまったく体験することなしに日程を終えられるのに越したことはない。快適な観光気分を満喫するためにも、ぜひ有効な宇宙酔い止めの技術が開発されてほしいものだ。

観光目的ではなく、宇宙飛行士として宇宙船に乗り組むためにはどうしたらよいのか？　門戸は非常に狭いが、JAXA(宇宙航空研究開発機構)などの募集に応募して宇宙飛行士候補になる方法がある。JAXAの前身であるNASDA(宇宙開発事業団)は、ISSの搭乗宇宙飛行士を1998年に募集し、応募者の中から古川聡《ふるかわさとし》、星出彰彦《ほしであきひこ》、角野直子《すみのなおこ》の3氏が選ばれている。このときの募集条件は大学の自然科学系学科卒業で実務経験があること、英語が堪能であることなどだった。

宇宙の旅は人体にどんな影響を及ぼすか

宇宙船内の無重量・微少重力	• 血液や体液が頭部に多く集まり、顔がむくんだり頭が重く感じたりする • 宇宙酔いを起こす • 筋肉が衰える • 骨のカルシウムが減る
真空の宇宙空間	放射線を浴びる量が増える
宇宙船内の狭くて閉鎖された空間	精神面への負担が大きい

宇宙酔い
• 乗り物酔いのような不快感や突然の嘔吐
• 訓練を受けた宇宙飛行士でも2人に1人はこの症状に悩まされている
• 詳しい原因は不明
• 症状は最初の2～3日で消えることが多く、症状を軽減する薬も見つかっている

宇宙酔いの効果的な抑止方法が見つかれば、一般人の宇宙旅行や宇宙空間での生活は、より快適なものになる

宇宙酔いと乗り物酔いの関係

「私は乗り物酔いをしないから、宇宙酔いの心配なし！」とは言い切れない。乗り物酔いに縁のない宇宙飛行士も、宇宙酔いには悩まされているからだ。

宇宙飛行士募集の条件例

身長	149cm以上	193cm以下
血圧	最高血圧	140mmHg以下
	最低血圧	90mmHg以下
視力（両眼とも）	裸眼視力	0.1以上
	矯正視力	1.0以上
色神	正常	
聴力	正常	
その他	心身ともに健康であり、宇宙飛行士としての業務に支障のないこと	

（1998年 NASDAによる募集要項の例）

関連項目

●国際宇宙ステーション（ISS）→No.065

No.019

宇宙での食事は？

How do you eat in a spaceship?

食生活の質は宇宙飛行士の士気に大きくかかわる。宇宙船内でもできる限り温かくておいしい食事ができるように研究・開発が進められている。

●宇宙船でもラーメンが食べられる

初期の宇宙食は、栄養や消化の面ではすぐれていても、味わいながら楽しく食事をするためのものではなかった。今は改善が進み、だれもが食べるごく一般的なメニューが、レトルト食品・乾燥食品・缶詰などで提供されている。チョコレートやクッキーなどの菓子類や果物も食べられる。**スペースシャトル**・オービタ内には、食品を温める加熱台があるものの、電子機器類への悪影響などを避けるために電子レンジは積まれていない。しかし、**国際宇宙ステーション（ISS）**には電子レンジや冷蔵庫も装備されており、食事の準備は比較的に快適なもののようだ。

ただし、地上にいるときのように皿へ盛りつけてテーブルへ並べることはできない。無重量状態では食器や食べ物が空中に漂いだしてしまうからだ。スペースシャトル・オービタでは、膝の上などに固定できるトレイを使って食事をする。レトルト食品の袋などをトレイに固定し、袋の切り口からスプーンやフォークで食べ物を取り出して口に運ぶのだ。

水やジュースは袋状の容器に入れ、ストローで飲む。コップなどからはうまく飲めない。口に当ててコップを傾けても、無重量状態だと液体は口の中に流れて来ないのだ。そもそもコップへ注ごうとしても、液体は球状の固まりになって宇宙船内を漂ってしまう。同様に、ラーメンのような食品も宇宙船用の食事には不向きとされていたが、日清食品が開発した宇宙食ラーメン「スペース・ラム（Space Ram）」は、NASAからスペースシャトル搭載品として正式に認められた。容器の袋に湯を入れると、球状にまとめられた麺と無重量状態でも麺にからむように粘度を高めたスープが湯戻しされる仕組みだ。日本人宇宙飛行士の野《の》口《ぐち》聡《そう》一《いち》氏は**ディスカバリー**でのミッションに「スペース・ラム」を実際に持参したそうだ。

宇宙食の進化

初期の宇宙食

チューブ入りの
ペースト状

1口サイズの
スナック状

現在の宇宙食

レトルト（加熱殺菌）食品
ステーキ・ソーセージなどの肉類、
野菜類、プリンなどのデザート類他

フリーズドライ（凍結乾燥）食品
スクランブルエッグ、スープ、
ジュース、コーヒー、果物など

半乾燥食料品
ドライフルーツ類

自然食料品
果物、パン、クッキー、野菜など

スペースシャトル・オービタ内で使われた食事用トレイ

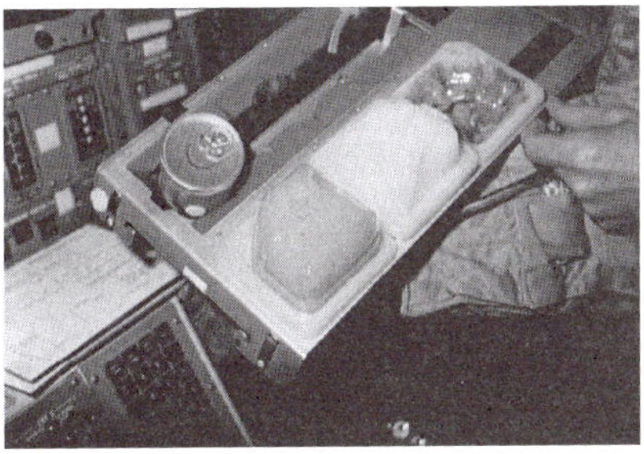

▲提供：NASA

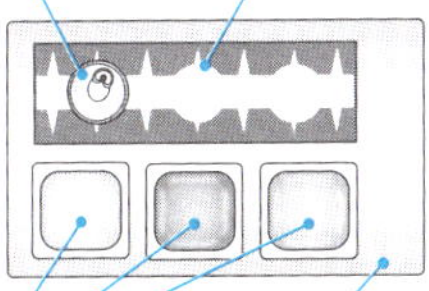

関連項目

●スペースシャトル計画→No.028
●ディスカバリー→No.061
●国際宇宙ステーション（ISS）→No.065

No.020

宇宙船での運動は？

How do you exercise in a spaceship?

筋肉や骨の衰えを防ぐため、宇宙船内では適当な運動を続けることが望ましい。限られたスペースでもできる有効な運動がいろいろある。

●ダンベルでは筋力トレーニングができない

地上にいるときは、身体を支えるために全身の筋肉、特に足腰の筋肉や背筋・腹筋などに負荷がかかる。しかし、無重量状態では筋力を使って身体を支える必要がない。また、ほとんど力を使わなくても身体を移動させたり物を運んだりできてしまう。このため、放っておくと筋肉は衰えて萎縮してくる。また、無重量状態では骨からカルシウムやミネラルが失われやすい。宇宙への滞在が短期間ならばあまり心配は要らないが、長期のミッションでは骨《こつ》粗《そ》鬆症《そうしょう》の心配などもあり、体に大きな影響が出る。

このようなことを防ぐには、地上にいるときと同じような負荷をできるだけ身体にかけるくふうが必要となる。人工重力を発生するような空間を宇宙船内に作る方法も考えられるが、今のところそういった宇宙船は作られていない。その代わり、宇宙飛行士は定期的な運動をすることで、体調や健康を保つようにしている。

スペースシャトル・オービタや**国際宇宙ステーション（ISS）**には、自転車こぎに相当する運動ができる「エルゴメータ」や、一定のスペースがあればその場でランニングを続けられる「トレッドミル」、ボートこぎのような運動ができる「ローイング・マシン」という用具などが積まれている。地上と同じ感覚で使うと身体が浮いてしまうので、ゴムのベルトなどで身体を固定して使う。装置を調節することで、走る速度やペダルをこぐ際の負荷を変えることも可能である。筋力の維持はもちろん、心肺機能へ刺激を与えるためにも効果的だ。運動する時間は毎日約1～2時間。

なお、無重量状態だと、ダンベルを持ち上げたり、腕立て伏せやスクワットをしたりしても、筋肉に負荷をかけるという意味では効果が少ない。有効なのはエキスパンダーやゴムチューブのような道具を使った運動だ。

宇宙船内で使われる運動器具

無重量状態では筋力を使って身体を支える必要がない

・筋肉は衰えて萎縮してくる
・骨からカルシウムやミネラルが失われやすい→骨粗鬆症の恐れ

定期的な運動をすることで、体調や健康を保つ

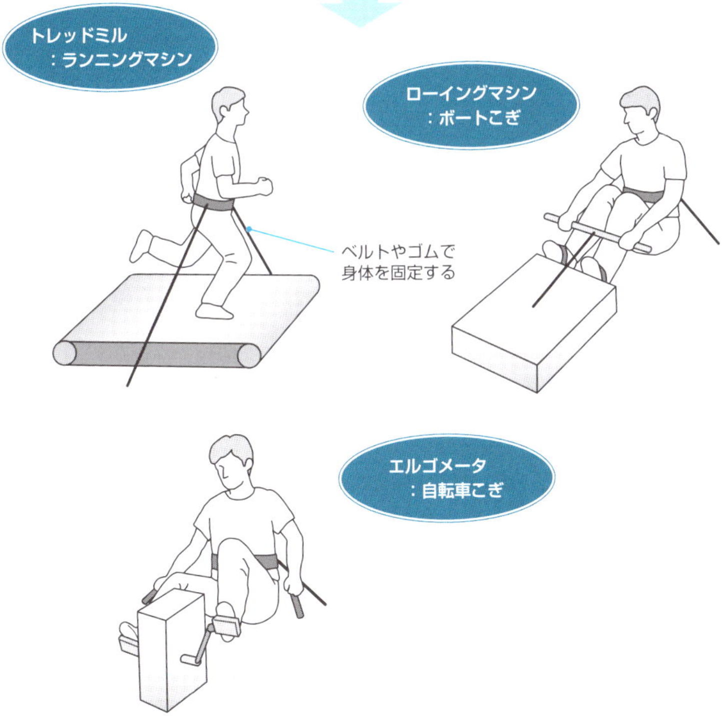

筋力の維持はもちろん、心肺機能へ刺激を与えるためにも効果的。
運動する時間は毎日約１～２時間

関連項目
●スペースシャトル計画→No.028
●国際宇宙ステーション（ISS）→No.065

No.021

宇宙船でのトイレは？

A restroom of a spaceship

無重量状態でも排便はふつうに行えるが、出た物をどうやって処理するかには、宇宙船ならではの対応がなされている。

●掃除機のような仕組みのトイレ

宇宙船のトイレでは、身体から出たものをどうやって便器の中へ素早く取り込むかが大きな問題になる。地上では、便や尿自体の重さで自然と落下して便器内に落ちてくれる。しかし、無重量状態の宇宙船内では空中に漂いだしてしまう。また、尿のような液体は身体にまとわりつきやすい。無重量状態では、身体を伝って自然と流れ落ちるという現象も起きないので、たいへんに不快な思いをすることになる。

スペースシャトル・オービタに備えられているトイレは、身体から出た物を空気の力で吸い取って汚物用のタンクへ送る仕組みが採用されている。大便は便座の中央付近にある直径約10㎝ほどの小さな穴から空気といっしょに吸い込まれる。小便のほうは、掃除機のホースのように曲げ伸ばしができる管に取り付けた、じょうごのようなアダプタを手で身体に当てて用を足すと、やはり空気とともに汚水タンクへ送られる。

もうひとつ問題がある。無重量状態では、何かの上に腰掛けるのは難しいのだ。大便をするとき、単に便座へ座ろうとしても身体がふわふわと宙に浮いてしまう。そこで、スペースシャトル・オービタのトイレには、便座に座った飛行士の太ももを上から押さえてくれえる部品が付いている。便座の両脇に1つずつある部品で左右の太ももを押さえると、飛行士は自分の身体を便座に固定できるわけだ。

スペースシャトル・オービタ内の空間は非常に限られているので、トイレは男女共同だ。脱臭装置が作動しているので、臭いはそんなに気にしなくてよいようだが、トイレのスペースは幅、奥行きとも約1mとコンパクトでドアはなく、目隠しはカーテンのみである。観光客向けの宇宙船では、もう少しプライバシーに配慮したトイレに改良されることになるだろう。

スペースシャトル・オービタのトイレ

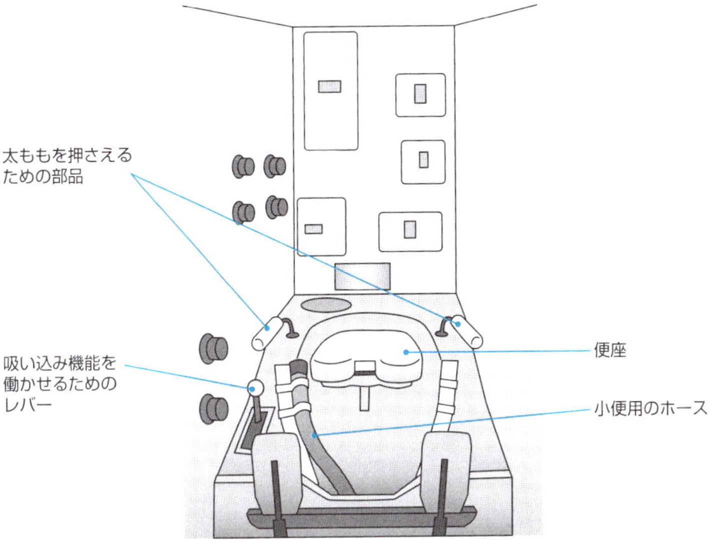

トイレを使えないときは

- 打ち上げ時
- 大気圏への再突入時
- 船外活動をしているとき

→

男性
紙おむつ式のパンツをはく
または尿収集用の袋（UCD）を取り付ける

女性
紙おむつ式のパンツをはく

旧世代宇宙船のトイレ事情

大便
臀部《でんぶ》に貼り付けるビニール袋

小便
股間《こかん》に付ける尿器

関連項目

●スペースシャトル計画→No.028

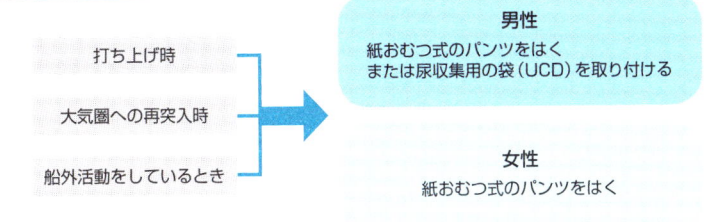

No.022

宇宙旅行

Space tourism

宇宙への旅は昔から多くの人々を引きつける夢だったが、現在は一般の観光客に宇宙旅行を仲介する代理店が実際に存在する。

●価格破壊の進行を期待

1923年、第一次世界大戦後のドイツで、ロケットを使った宇宙飛行に関する研究論文が出版された。著者は天文学研究者の**ヘルマン・オーベルト**。この本は評判を呼び、宇宙旅行が実現する未来を多くの人々に予感させた。1927年に財団法人**宇宙旅行協会**がドイツに誕生し、民間によるロケットの研究開発も始まる。学生の**ヴェルナー・フォン・ブラウン**も参加していたが、資金難などから協会の活動は1934年に終了してしまう。

その後、宇宙開発は国家主導で行われる事業となり、宇宙飛行士になれるのは専門的な訓練を受けた人々だけという時代が長く続く。しかし、この十数年で状況は大きく変わってきた。たとえば、**スペースシャトル**・オービタに搭乗するメンバーの選考方法は、民間人でも搭乗のチャンスがある宇宙船の誕生を実感させた。とはいえ、まだ「選ばれた人」でなければ宇宙へ行けないことに変わりはない。「行きたいと思った人」が宇宙へ行くという夢は、民間企業のスペース・アドベンチャーズ社の仲介によって実現した。旅立ったのはアメリカの富豪デニス・チトー氏。ロシアの**ソユーズ**で運ばれ、**国際宇宙ステーション（ISS）**への滞在も果たしたのだ。費用は1人分で約2,000万ドル（約22億円）。チトー氏は全額を自己負担した。その後も3人の民間人が同じプランで宇宙を旅行している。

チトー氏のプランは本格的な宇宙滞在で料金が高額すぎる。別の意味で「選ばれた人」にしか参加できない旅行だ。しかし最近は、もっと手軽なプランもある。高度約100㎞の宇宙空間へ到達する弾道飛行プランは1名分が約1,230万円。ロシア空軍のジェット戦闘機「MiG」などに同乗して高度約25,000mの高空飛行を体験するプランなら約290万円だ。今後、宇宙観光をする人が増えれば、料金はもっと安くなる可能性が高い。

宇宙旅行時代

プランと内容[*1]	日数	料金（1名分）[*2]
月旅行 月の裏側を飛行して地球へ戻る	8～9日間[*3]	約120億円[*4]
本格宇宙旅行 国際宇宙ステーション（ISS）に1週間滞在	9日間	約24億円[*4]
宇宙弾道飛行 宇宙観光船による高度100kmの弾道飛行	5日間	約1,224万円
超音速ジェット機体験 ロシア空軍の最新鋭超音速ジェット機に同乗	5日間	約288～384万円[*5]
無重力体験（ロシア） 宇宙飛行士用の無重力訓練飛行を体験	4日間	約119万円
無重力体験（アメリカ） アメリカで無重力体験飛行	1日（現地集合・解散）	約45万円
宇宙飛行士資格訓練 本格的な宇宙飛行士訓練コースを体験	14日間	約2,400万円

＊1：プランはスペース・アドベンチャーズ社による（2006年10月現在）
＊2：2006年現在（1ドル=120円）として算出
＊3：国際宇宙ステーションへの一時滞在を含むプランは9～21日間
＊4：のべ6か月～8か月の事前訓練費用を含む
＊5：ジェット機の機種によって異なる

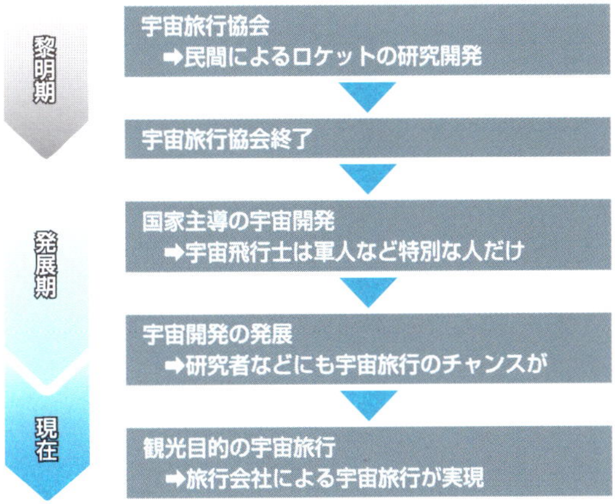

関連項目

●ヘルマン・オーベルト→No.043
●宇宙旅行協会→No.045
●ヴェルナー・フォン・ブラウン→No.046
●スペースシャトル計画→No.028
●ソユーズ→No.057
●国際宇宙ステーション（ISS）→No.065
●宇宙を旅するには？→No.018

宇宙空間にいきなり放り出されたら人体はどうなるのか？

SF作品には、爆発事故で宇宙船の壁に穴があいたり、装置の誤作動で宇宙基地の壁面扉が開いてしまったりする場面がときおり登場する。人間が地球上と同じ感覚で暮らせるように、空気が満たされて気圧も調整されていた閉鎖区画が、突然に高真空状態の外界とつながってしまう大ピンチである。いったいどんなことが起こるだろうか。

すぐに予想がつくのは、船内や基地内の空気がすさまじい速さで外へ流れ出してゆくことだ。その勢いに巻き込まれる形で、人間や各種の什器《じゅうき》類も外へ吹き飛ばされたり引きずり出されたりしてしまう。もちろん、空気がすべて流れ出て船内や基地内が外界と同じ状態になってしまう前に、穴の空いた区画を閉鎖したり、扉を閉めたりといった対策が施されるわけであるが。

さて、仮にこのような事故が起こったとき、不幸にも宇宙服を着ていない人間が真空の空間へ取り残されてしまったらどうなるか？　空気がないから呼吸できず、じきに死んでしまうことはすぐに想像がつく。気圧がほぼゼロである高真空状態だと、血液や体液が人間自身の体温でも沸騰するはずなので、内臓が機能しなくなるだろう。太陽などの光が直接に当たる場合は身体が非常な高温になるし、逆に光が当たらなければ非常な低温になるため、ひどい火傷や凍傷を負いそうだ。放射線も直に浴びてしまう。残念ながら、どう考えても命は長持ちしそうにない。さらにSF作品では、体表面にかかっていた気圧がなくなるせいで顔や胴体がぱんぱんに膨れあがって破裂したり、眼球が飛び出したりする描写が見られる。また、真空乾燥させたかのように身体の水分がなくなり、凍結したミイラ状になってしまう場合もある。いずれにしても、さぞかしつらい死に方だろうと思われる。

真空の宇宙空間に生身の人間が放り出されたらどうなるか、という疑問はNASAにも多く寄せられているようだ。NASAのWebサイト「Imagine the Universe！（宇宙を想像せよ）」にある「Ask an Astrophysicist（天体物理学者に尋ねる）」というQ&Aに、そのものずばりの「Human Body in a Vacuum（真空状態での人体）」という項目がある。それによると、偶然に真空状態へさらされた事故経験者の報告や、動物実験などの結果からみて、先に記した人体の変化は必ずしもすべてが本当に起こることではないらしい。簡単にまとめると、人間が急に真空の空間へ飛び出したとしても、身体が破裂したり凍結したりすることはなく、瞬時に血液が沸騰することもないのだそうだ。なお、真空中にいるときは息を止めてはいけない。息を止めると、潜水をしている人が急に水面へ上がろうとしたときと同じような負担が肺にかかるおそれがあるそうだ。そこに注意したうえ、30秒前後で真空の空間から戻ることができれば、ずっと身体に残る後遺症を負う可能性も少ないらしい。とはいえ、もしも真空状態から抜け出せなければ1～2分後には危篤状態になるようで、生還は非常に難しくなるだろう。

第2章
現在までの宇宙船計画

No.023

宇宙開発機関

学術研究や商用人工衛星の打ち上げビジネスなどを目的に、世界各国が宇宙開発機関を設立して研究に本腰を入れている。

●世界各国が力を入れる宇宙開発

宇宙は学術的に興味の尽きない研究分野であると同時に、新しいビジネス・チャンスの場でもある。そのため、世界の各国に宇宙開発機関が設けられて、独自の研究や開発が進んでいる。

知名度が高く、技術的な蓄積でも世界の宇宙開発をリードしている代表的な宇宙開発機関は「アメリカ航空宇宙局（NASA）」「ロシア連邦宇宙局（FSA）」「ヨーロッパ宇宙機構（ESA）」そして日本の「宇宙航空研究開発機構（JAXA）」などだ。冷戦の時代は東西の対立を象徴するような開発合戦も行われていたが、最近は**国際宇宙ステーション（ISS）**などに代表される世界的な協力関係が構築されつつある。また、「中国国家航天局（CNSA）」のように独自に有人宇宙飛行を成功させる機関もあり、これまで注目度の低かった国からも目が離せなくなりそうだ。

ちなみに日本のJAXAは2003年に発足した新しい機構だ。元になったのは「文部科学省 宇宙科学研究所」「航空宇宙技術研究所」「宇宙開発事業団（NASDA）」の3団体で、いずれも長い歴史を誇っている。

「文部科学省 宇宙科学研究所」は、1954年に「東京大学 生産技術研究所」の糸川英夫教授を中心とした研究グループとして発足。1964年に「東京大学 航空研究所」を合併し「東京大学 宇宙航空研究所」となり、1981年に「文部省 宇宙科学研究所」へと改組した。現在はJAXA内の「宇宙科学研究本部」である。「航空宇宙技術研究所」は、1955年に当時の総理府に設立。1963年に当時の科学技術庁における「航空宇宙技術研究所」となった。現在はJAXA内の「総合技術研究本部」だ。そして「宇宙開発事業団（NASDA）」は、1964年に当時の科学技術庁に置かれた「宇宙開発推進本部」が起源で、発足は1969年である。

世界の主な宇宙開発機関

国名／地域名	略称	名称	発足年	本部所在地
日本	JAXA	宇宙航空研究開発機構	2003年	東京都調布市
ロシア	FSA	ロシア連邦宇宙局	1992年	モスクワ
アメリカ	NASA	アメリカ航空宇宙局	1958年	ワシントンD.C.
中国	CNSA	中国国家航天局	1993年	北京
ヨーロッパ	ESA	ヨーロッパ宇宙機構	1975年	パリ
アルゼンチン	CONAE	アルゼンチン国立宇宙開発委員会	1991年	ブエノスアイレス
イギリス	BNSC	イギリス国立宇宙センター	1985年	ロンドン
イスラエル	ISA	イスラエル宇宙局	1983年	テルアビブ
イタリア	ASI	イタリア宇宙事業団	1988年	ローマ
インド	ISRO	インド宇宙研究機関	1972年	バンガロール
インドネシア	LAPAN	インドネシア国立航空宇宙研究所	1964年	ジャカルタ
ウクライナ	NSAU	ウクライナ国立宇宙局	1992年	キエフ
オーストラリア	CSIRO	オーストラリア連邦科学工業研究機関	1949年	キャンベラ
オーストリア	ASA	オーストリア宇宙機関	1972年	ウィーン
オランダ	NLR	オランダ国立航空宇宙研究所	1961年	アムステルダム
カナダ	CSA	カナダ宇宙庁	1989年	モントリオール
韓国	KARI	韓国航空宇宙研究所	1989年	大田
スイス	ISSI	国際宇宙科学協会	1995年	ベルン
スウェーデン	SSC	スウェーデン宇宙公社	1961年	ストックホルム
スペイン	INTA	スペイン国立宇宙航空技術研究所	1942年	マドリード
台湾	NSPO	台湾国家宇宙センター	2005年	新竹
デンマーク	DNSC	デンマーク国立宇宙センター	2005年	コペンハーゲン
ドイツ	DLR	ドイツ航空宇宙センター	1997年	ケルン
ノルウェー	NSC	ノルウェー宇宙センター	1987年	オスロ
ブラジル	INPE	ブラジル国立宇宙研究所	1971年	サンノゼ・ドス・カンポス
フランス	CNES	フランス国立宇宙研究センター	1961年	パリ
ベルギー	BISA	ベルギー宇宙航空学協会	1964年	ブリュッセル
ルーマニア	ROSA	ルーマニア宇宙協会	1995年	ブカレスト

関連項目
●国際宇宙ステーション（ISS）→No.065

No.024

マーキュリー計画

Project Mercury

NASAが挑んだ最初のプロジェクト。主な目的は有人軌道飛行の実現、そして飛行士と宇宙船を安全に帰還させる技術の確立だった。

●熾烈《しれつ》な宇宙開発競争でソ連を追っていたアメリカ

世界初の有人宇宙飛行を目指して、設立されて間もないNASAはマーキュリー計画（1959～1963）に取り組んだ。マーキュリーとはローマ神話に登場する神で、太陽系の水星を指す言葉でもある。

初の有人宇宙船となったのは「フリーダム7」。短距離弾道ミサイル「レッドストーン」をもとにした「マーキュリー・レッドストーン」ロケットで1961年5月5日に打ち上げられ、宇宙飛行士アラン・シェパードが宇宙空間へ到達する弾道飛行に成功した。しかし、目指していた「世界初」の座には、約3週間の差でソ連の**ヴォストーク1号**がついていた。

ソ連に後れをとったものの、フリーダム7の成功はアメリカを大いに勇気づけた。そして同年5月25日、当時のケネディ大統領は、「人間を月に送る」という壮大な計画を約10年のうちに実現すると宣言した。

翌年の1962年2月20日に、大陸間弾道ミサイル「アトラス」をもとにした「マーキュリー・アトラス」ロケットで**フレンドシップ7**が打ち上げられ、飛行士のジョン・グレンは地球を周回する軌道飛行に成功。その後「オーロラ7」「シグマ7」「フェイス7」も次々と軌道飛行に成功し、無人ロケット20回（そのうち4回は猿やチンパンジーが乗せられていた）、有人ロケット6回の打ち上げを行ったマーキュリー計画は終了した。

この計画でアメリカ初の宇宙飛行士に選ばれたのは、スコット・カーペンター、ヴァージル・グリソム、アラン・シェパード、ゴードン・クーパー、ジョン・グレン、ウォルター・シラー、ドナルド・スレイトンの7人。彼らを取り上げたトム・ウルフの小説『ライトスタッフ』は映画にもなった。なお、最初の5人のファーストネームは、特撮TVドラマ『サンダーバード』に登場するトレーシー5兄弟の名前に使われている。

マーキュリー計画で打ち上げられた宇宙船と使われたロケット

◆打ち上げられた宇宙船

打上年月日	宇宙船の愛称	宇宙飛行士名	説明
1961/5/5	フリーダム7	アラン・シェパード	アメリカ初の有人弾道飛行
1961/7/21	リバティ・ベル7	ヴァージル・グリソム	有人弾道飛行
1962/2/20	フレンドシップ7	ジョン・グレン	アメリカ初の有人軌道周回飛行
1962/5/24	オーロラ7	スコット・カーペンター	有人軌道周回飛行
1962/10/3	シグマ7	ウォルター・シラー	有人軌道周回飛行
1963/5/15～16	フェイス7	ゴードン・クーパー	有人軌道周回飛行

◆使われたロケット

	全長	最大直径	備考
リトルジョー	15m	2m	無人飛行実験の打ち上げにのみ使用
レッドストーン	21m	1.8m	弾道飛行の打ち上げ用
アトラスD	25m	3m	軌道周回飛行の打ち上げ用

マーキュリー宇宙船の構造

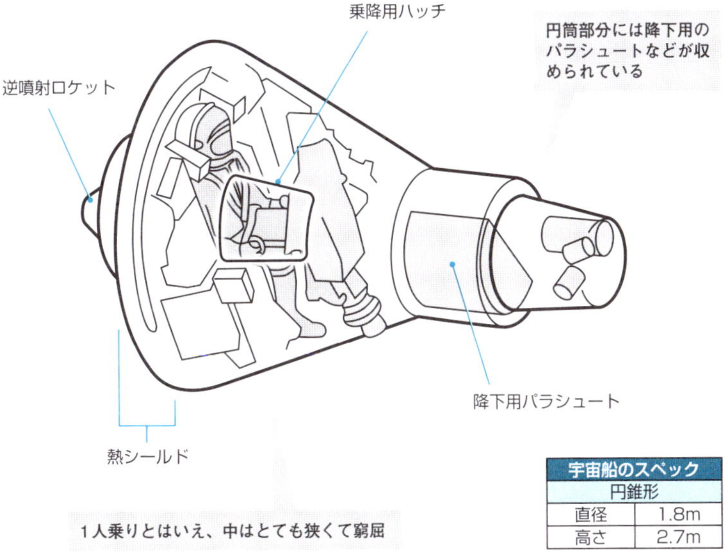

1人乗りとはいえ、中はとても狭くて窮屈

宇宙船のスペック	
円錐形	
直径	1.8m
高さ	2.7m

関連項目
●ヴォストーク1号→No.051
●フレンドシップ7→No.052

No.025

ジェミニ計画

Project Gemini

マーキュリー計画に続く、NASAによる2番目の有人宇宙飛行計画。地球と月を往復する有人飛行に必要な数々の新技術が確立された。

●アポロ計画の成功を支えた新技術の実用化に貢献

1960年代のうちに月面へ人間を送り込むこと、と設定されたアメリカの宇宙開発計画。その目標を実現するために必要となる技術の確立に多大な貢献をしたのが、ジェミニ計画（1962～1966）である。使われた宇宙船の乗船定員は2名。計画名のジェミニ（双子座のこと）は、この2人乗り宇宙船にちなんでいる。

ジェミニ宇宙船には、宇宙船本体のエンジンを使って軌道を変えられる操縦機能が備わっていた。これは宇宙船史上初のことで、月への往復飛行に必須とされていた、2機の宇宙船でのランデブー（接近飛行）やドッキング（連結）を実現する画期的なものだった。それまでの宇宙船は、飛行中の船体を動かして飛行姿勢を変化させることはできたが、飛行軌道そのものを変えることはできなかったのである。

ジェミニ宇宙船は、2回の無人飛行を含む全12回の飛行をこなした。ジェミニ4号ではエドワード・ホワイトがアメリカ初の**船外活動**に成功。6号と7号は30㎝という至近距離まで接近するランデブー飛行をした。また、7号は13日間を超える長期間の連続飛行も成し遂げた。8号、および10～12号は人工衛星の「アジェナ」とドッキングすることに成功。さらに10号と11号は、ドッキング中のアジェナのロケット・エンジンで上昇する実験にも挑んだ。この結果、10号は地上767㎞、11号は1,370㎞まで上昇することに成功した（通常の周回軌道は地上約300㎞程度）。

なお、8号のドッキング成功は世界初の快挙だったが、ドッキング後に宇宙船の姿勢制御用ロケットが誤動作を起こす事故が発生。結局、アジェナからの切り離し後、予定を変更して日本近海に緊急着水し、事なきを得たのだった。

ジェミニ計画で打ち上げられた宇宙船

宇宙船本体のエンジンを使って飛行軌道を変えられる初めての宇宙船

宇宙船名	飛行年月日	説明
ジェミニⅠ号	1964/4/8～12	無人での軌道飛行試験
ジェミニⅡ号	1965/1/19	無人での弾道飛行試験
ジェミニⅢ号	1965/3/23	ジェミニ計画初の有人飛行
ジェミニⅣ号	1965/6/3～7	ホワイトがアメリカ人初の船外活動
ジェミニⅤ号	1965/8/21～29	初めて燃料電池が搭載される
ジェミニⅦ号	1965/12/4～18	Ⅵ-A号とランデブー
ジェミニⅥ-A号	1965/12/15～16	ジェミニⅦ号とランデブー
ジェミニⅧ号	1966.3.16	人工衛星「アジェナ」とドッキング
ジェミニⅨ-A号	1966/6/3～6	人工衛星「アジェナ」とランデブー
ジェミニⅩ号	1966/7/18～21	人工衛星「アジェナ」とドッキング。船外活動
ジェミニⅪ号	1966/9/12～15	人工衛星「アジェナ」とドッキング。船外活動
ジェミニⅫ号	1966/11/11～15	人工衛星「アジェナ」とドッキング。船外活動

ジェミニ宇宙船の構造

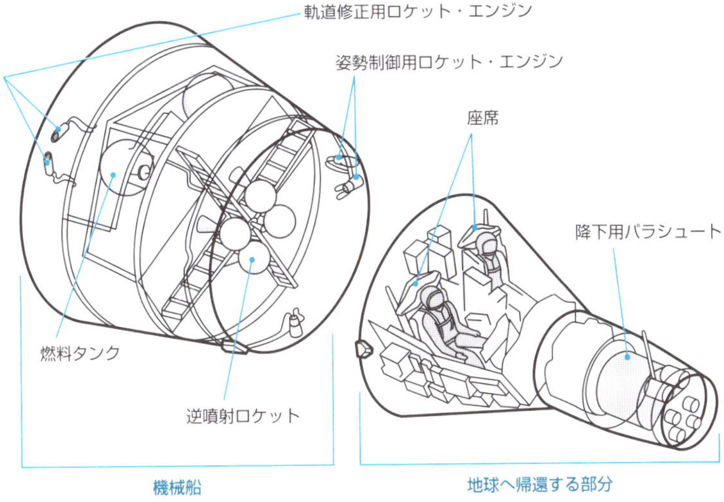

関連項目

●マーキュリー計画→No.024
●船外活動→No.016

No.026

アポロ計画

Project Apollo

NASAによる３番目の有人宇宙飛行計画。現在のところ、月面へ人間を送り込むことに成功した史上唯一の計画でもある。

●有人月面着陸でソ連を圧倒

アポロ計画（1961～1975）の発足は**ジェミニ計画**の開始よりも一足早く、元々は**マーキュリー計画**を引き継ぐ有人軌道飛行計画だった。しかし、ケネディ大統領の演説をきっかけに、その目的は1960年代のうちに月面へ人間を送り込むことへと大きく変更されることになる。ちなみにアポロとはローマ神話に登場する太陽神の名前だ。

アポロ宇宙船は司令船、機械船、月着陸船という3つのモジュールで構成されていた（地球へ帰還するのは司令船のみ）。飛行士が乗り組む「司令船（コマンド・モジュール、略称CM）」は定員3名。ロケット・エンジンとその燃料タンク、酸素や水のタンクなどは「機械船（サービス・モジュール、略称SM）」に搭載された。「月着陸船（ルナ・モジュール、略称LM）」は月への着陸機能と、月の周回軌道で待つ司令船まで上昇してドッキングする機能をもつモジュールで、定員は2名だった。

アポロ計画で実施された有人飛行は11回。打ち上げ用の主力ロケットは3段式の「サターンV」。全長110m、最大直径10mと巨大なものだった。

アポロ7号と9号は地球の周回軌道、8号と10号は月の周回軌道で飛行実験を行った。そして**11号**でついに月面への着陸と地球への帰還を成し遂げる。月面での活動などはテレビでも中継され、世界中の注目を集めた。以後、事故で途中帰還した**13号**を除き、12号、14～17号も月への着陸を成功させている。このころ、ソ連はすでに月への有人飛行計画を断念しており、アポロ計画はアメリカにとって宇宙開発競争におけるひとつの金字塔となった。しかし、約250億ドル（当時の為替レートで換算すると約9兆円）という巨額の費用が投じられたことに対する批判も多く、17号の成功をもって計画は打ち切られたのだった。

アポロ計画の有人宇宙船

宇宙船名	打上年月日	説明
アポロ1号	1967/2/21(中止)	1967年1月27日、訓練中の火災事故により予定乗組員3名が全員死去したため、打ち上げは中止
アポロ4号	1967/11/9	打ち上げ試験
アポロ5号	1968/1/22	着陸船試験
アポロ6号	1968/4/4	機械船試験
アポロ7号	1968/10/11	司令船と機械船の試験
アポロ8号	1968/12/21	初の月周回軌道飛行
アポロ9号	1969/3/3	地球軌道上での着陸船と司令船ドッキング試験
アポロ10号	1969/5/18	月軌道上での着陸船試験
アポロ11号	1969/7/16	月の「静の海」に着陸
アポロ12号	1969/11/14	月の「嵐の大洋」に着陸
アポロ13号	1970/4/11	事故発生により途中帰還
アポロ14号	1971/1/31	月の「フラ・マウロ高地」に着陸
アポロ15号	1971/7/26	月の「雨の海/ハドリー谷」に着陸、月面車での初走行
アポロ16号	1972/4/16	月の「ケイリー高原」に着陸
アポロ17号	1972/12/7	月の「晴の海」に着陸、地質学者による初調査

注1：■月面着陸に成功　注2：アポロ2、3号は欠番

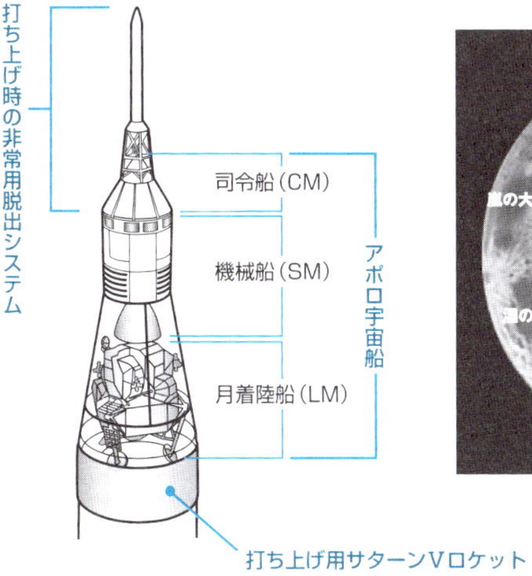

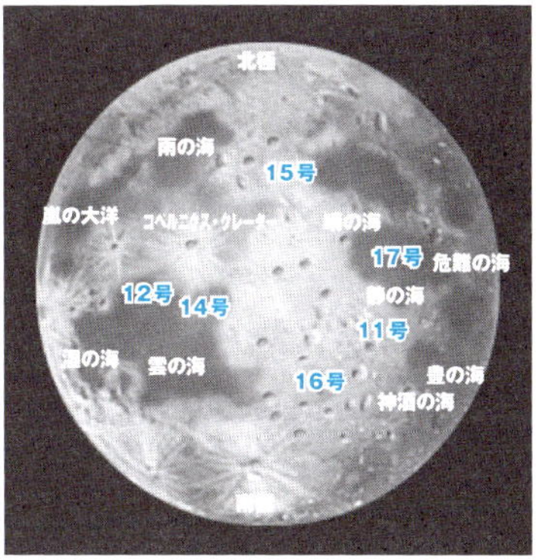

関連項目

●ジェミニ計画→No.025
●マーキュリー計画→No.024
●アポロ1号→No.054
●アポロ11号→No.055
●アポロ13号→No.056

No.027

Xシリーズ計画

X-planes

アメリカ空軍とNASAによる一連の実験航空機はX《エックス》シリーズと呼ばれ、すでに60年に及ぶ歴史をもっている。

●究極の航空機実験プロジェクトは現在も進行中

Xシリーズの主目的は、新しい航空技術の開発や、革新的なアイディアによる飛行機の実験だ。その成果は、アメリカの宇宙開発にも大きく貢献している。シリーズ名の「X」は、「実験的な、実験用の」といった意味をもつ「experimental《エクスペリメンタル》」という英語がもとになっている。

Xシリーズの始まりは、音速を超える速さで飛ぶロケット・エンジン飛行機「XS-1」の開発にアメリカ陸軍が着手した1945年のこと。NASAの前身であるNACA（アメリカ航空諮問委員会）も参加。翌年に飛行試験が始まった。1947年に、それまでは陸軍の所属だった航空軍がアメリカ空軍として独立。Xシリーズは空軍とNACAに引き継がれ、同年10月14日にXS-1はマッハ1.06を達成。超音速の有人飛行に成功した世界初の航空機となった。

1958年にはNACAを引き継ぐかたちでNASAが誕生し、Xシリーズの開発はアメリカ空軍とNASAの共同プロジェクトになる。1959年に1号機が登場した**X-15**は、アメリカ空軍が宇宙空間と認定する高度80㎞に達する飛行に何度も成功している。

スペースシャトルのオービタを開発する際に役立ったのは、リフティング・ボディと総称される「X-24A」（1969～1971）や「X-24B」（1973～1975）の研究成果だ。リフティング・ボディは通常の飛行機のような主翼をもたない。その代わり、胴体が主翼の役割をして揚力を発生するように設計されているのだ。オービタのように高速で大気圏へ再突入する機体へ、通常の飛行機のような主翼を付けると、翼端などが超高温になるため安全管理が難しい。しかしリフティング・ボディなら、そのような事態は回避できるわけだ。

主な「Xシリーズ」計画

**「Xシリーズ」は
アメリカ空軍とNASAによる一連の実験航空機。
新しい技術やアイディアを取り入れた
革新的な航空機が生み出されている**

名称	特　徴	実機の運用年
X-1	世界で初めて超音速飛行に成功。爆撃機B-29、B-50に運ばれて離陸する	1946～1951
X-15	最高速度マッハ6.7、最高高度107.96㎞の記録をもつ。爆撃機B-52に運ばれて離陸する	1959～1968
X-20	ダイナソアの愛称をもつ宇宙長距離偵察爆撃機。実物大模型が製作されるが、実機の製造は中止	—
X-24A	リフティング・ボディ機（胴体が主翼の役割をして揚力を発生する飛行機）。爆撃機B-52に運ばれて離陸する	1969～1971
X-24B	X-24Aを改造したリフティング・ボディ機。爆撃機B-52に運ばれて離陸する	1973～1975
X-33	スペースシャトルの後継機「ベンチャースター」の実用化に向けた実験機。2001年に計画打ち切り	—

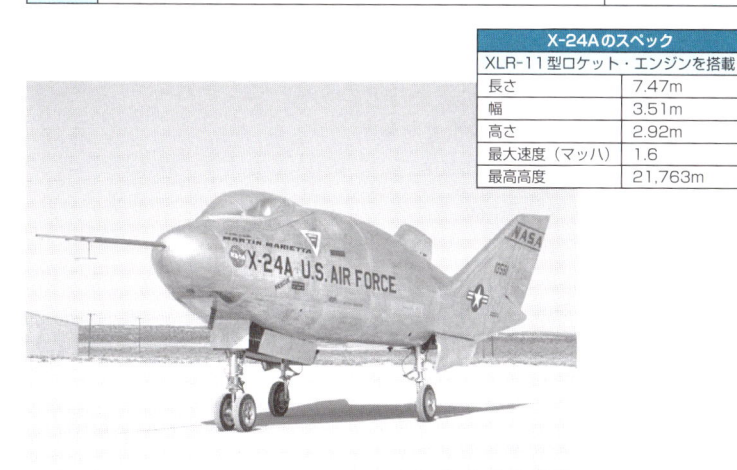

X-24Aのスペック	
XLR-11型ロケット・エンジンを搭載	
長さ	7.47m
幅	3.51m
高さ	2.92m
最大速度（マッハ）	1.6
最高高度	21,763m

▲X-24A／提供：NASA

関連項目

● X-15→No.049
● X-20ダイナソア→No.050

No.028

スペースシャトル計画

Space Shuttle program

NASAが取り組んだ再利用型有人宇宙船計画。スペースシャトルとは、宇宙飛行と地球への帰還を何度も繰り返せる有人宇宙船の総称だ。

●開発の大義名分のみにとどまってしまったコスト削減効果

アメリカ国内では、**アポロ計画**へ投じられた巨額の費用に対する批判が少なくなかった。そこへ浮上したのが、コスト高の一因は再利用がきかない「使い捨て式」の宇宙船やロケットを使っているせいだ、という考え方。繰り返し何度も使える宇宙船やロケットを開発すれば、以後の宇宙飛行にかかるコストを大きく削減できるはずだ、という主張である。

1973年ごろから、NASAは再利用型宇宙船「スペースシャトル」の開発を本格化。1981年4月にスペースシャトル「**コロンビア**」で初の宇宙飛行にこぎ着けた。その年の11月にも同機は再び宇宙飛行に成功。実際に宇宙船を再利用しての運用が現実のものとなった。その後「**チャレンジャー**」「**ディスカバリー**」「**アトランティス**」「**エンデバー**」の4機も飛行を開始。うち3機は今も現役である。

数多くのミッションを成功させ、宇宙利用の新時代を実感させたスペースシャトルだが、再利用によるコスト削減効果は期待を大きく裏切った。宇宙飛行から戻った機体のメンテナンスにはたいへんな手間がかかり、打ち上げ回数は当初の予定（年間約50回）を大幅に下回った。このため、使い捨て式ロケットよりも経済的な効率が悪くなってしまったのだ。

1986年にチャレンジャー、2003年にはコロンビアが、乗組員全員の命を奪う大きな事故を飛行中に起こしたことで、安全対策などのために打ち上げを長期にわたって中断しなければならない時期もあった。

現行のスペースシャトルは、もっとも新しいエンデバーでさえ1992年製と、機体の老朽化が進んでいる。予定では2010年で全機が任務を終了し、引退することになっている。後継を目指す新型スペースシャトルの開発は何度も計画されているが、実現には至っていない。

スペースシャトルの概要

地球と宇宙空間を往復し、繰り返し使用することができる再利用型宇宙船

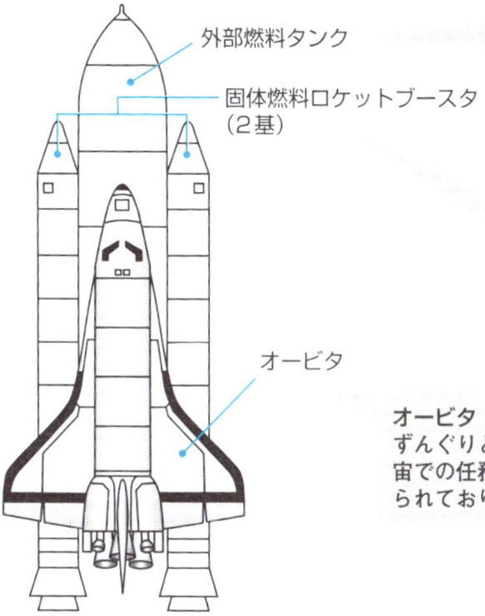

外部燃料タンク：液体酸素と液体水素が詰まっている。中身は打ち上げ時にオービタの主エンジンが燃料として使い切る。打ち上げから8分50秒後にはオービタから切り離されて海上へ落下。再利用はされない

固体燃料ロケットブースタ(2基)：打ち上げ時にオービタの主エンジンとともに点火。2分後に切り離されて海上へ落下。艦船で回収され、再利用される

オービタ：一般にスペースシャトルと呼ばれている部分。ずんぐりとした飛行機のように見える。定員は7人。宇宙での任務終了後は地上の滑走路へ着陸できるように作られており、点検整備などを受けてから再利用される

当初のもくろみ	→	現実
年間に約50回の打ち上げ		最大でも年間に10回程度
打ち上げコストを使い捨て式ロケットの約半分に		使い捨て式ロケット以上に高額
商用人工衛星の打ち上げビジネスに参加		人工衛星ビジネスから撤退

◆ 有人宇宙飛行をしたスペースシャトル・オービタ

オービタ名	機体番号	初飛行	説明
コロンビア	OV-102	1981/4/12	2003年2月1日に、大気圏再突入時の事故で空中分解
チャレンジャー	OV-099	1983/10/3	1986年1月28日の打ち上げ時に、固体燃料ロケットブースタのトラブルで墜落
ディスカバリー	OV-103	1984/8/30	現役最古参の機体
アトランティス	OV-104	1985/10/3	1995年にロシアの宇宙ステーション「ミール」を修理するためドッキング（米露の宇宙船がドッキングするのは20年ぶりだった）
エンデバー	OV-105	1992/5/7	チャレンジャーが事故で失われたことにより建造された機体

関連項目

●アポロ計画→No.026
●コロンビア→No.059
●チャレンジャー→No.060
●ディスカバリー→No.061
●アトランティス→No.062
●エンデバー→No.063

No.029

ヴォストーク計画

Vostok program

旧ソ連による計画。1961年に世界初の有人宇宙飛行を成し遂げ、以後1963年の計画終了までに6回の有人宇宙飛行を成功させた。

●有人飛行でアメリカを圧倒的にリード

1957年に、世界初の人工衛星「スプートニク1号」でアメリカを出し抜いたソ連は、約3年後の1960年9月に「本年12月までに有人宇宙飛行を行う」との決定をくだした。ヴォストーク計画の始動である。ヴォストークはロシア語で「東」という意味だ。計画は多少の遅れを出しながらも急ピッチで進行し、1961年4月、世界初の有人宇宙船**ヴォストーク1号**が打ち上げられる。乗船定員1名の宇宙船に乗り組んでいたのはユーリ・ガガーリン。ヴォストーク1号は地球を1周し、無事に帰還を果たした。ヴォストーク計画自体が秘密裏に進められていたため、この成功を伝える突然のニュースは世界中を驚かせた。マーキュリー計画で世界初の有人宇宙飛行をもくろんでいたアメリカを、ソ連はまたしても出し抜いたのだった。

約4か月後、ヴォストーク2号が打ち上げられ、1号でガガーリンのバックアップ要員だったゲルマン・チトフが地球を17周する約25時間の飛行に成功。無重量状態を利用した各種の実験に取り組んだ。翌1962年8月には3号と4号が約1日の時間差で打ち上げられ、世界で初めて同時に2人の飛行士が宇宙飛行をした。2機は周回軌道上で約5kmまで接近する史上初の編隊飛行も行っている。1963年にも5号と**6号**が相次いで打ち上げられ、約4kmとさらに距離を縮めた編隊飛行に成功。5号は119時間で地球を82周もする有人での長時間飛行記録を樹立。6号に乗り組んだワレンチナ・テレシコワは、女性宇宙飛行士、そして軍人ではない宇宙飛行士として、ともに世界初の栄誉を手にしている。有人宇宙飛行の黎明期《れいめいき》ということもあり、ヴォストーク宇宙船には飛行のたびに何らかの「世界初」が冠されていた。ヴォストーク計画の終了後、ソ連の有人宇宙飛行計画は**ヴォスホート計画**へと引き継がれた。

ヴォストーク計画の有人宇宙船

宇宙船名	打上年月日	飛行時間	地球周回数	宇宙飛行士名
ヴォストーク1号	1961/4/12	1時間48分	1	ユーリ・ガガーリン
ヴォストーク2号	1961/8/ 6	25時間18分	17	ゲルマン・チトフ
ヴォストーク3号	1962/8/11	96時間22分	64	アンドリアン・ニコラエフ
ヴォストーク4号	1962/8/12	70時間56分	48	パーベル・ポポビッチ
ヴォストーク5号	1963/6/14	119時間 7分	82	ワレリー・ヴィコフスキー
ヴォストーク6号	1963/6/16	70時間50分	48	ワレンチナ・テレシコワ

ヴォストーク宇宙船の形状

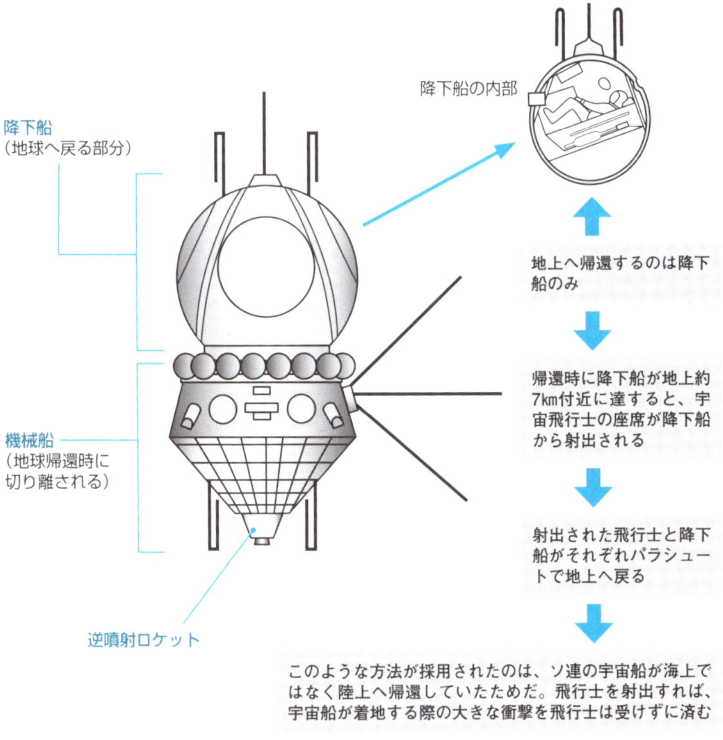
降下船の内部
降下船
(地球へ戻る部分)
機械船
(地球帰還時に
切り離される)
逆噴射ロケット
地上へ帰還するのは降下船のみ
帰還時に降下船が地上約7km付近に達すると、宇宙飛行士の座席が降下船から射出される
射出された飛行士と降下船がそれぞれパラシュートで地上へ戻る
このような方法が採用されたのは、ソ連の宇宙船が海上ではなく陸上へ帰還していたためだ。飛行士を射出すれば、宇宙船が着地する際の大きな衝撃を飛行士は受けずに済む

関連項目

●ヴォストーク1号→No.051
●ヴォストーク6号→No.053
●ヴォスホート計画→No.030

No.030

ヴォスホート計画

Voskhod program

ヴォストークに続く旧ソ連による有人宇宙飛行計画。ヴォスホートはロシア語で「日の出」を意味する言葉である。

●ジェミニのライバルながら打ち上げは２機にとどまる

ヴォスホート計画は、当時のソ連最高指導者だったフルシチョフが、アメリカのジェミニ宇宙船に対抗しうる新しい宇宙船の開発を急がせたことをきっかけに始動した。宇宙開発競争の実績でアメリカに先行する印象を世界に与え続けることは、ソ連や共産主義の政治的優位を確保するために有効だ、とフルシチョフは考えていた。

一方、ソ連の宇宙開発の責任者であったセルゲイ・コロリョフは、政治の駆け引きに効果的な宇宙計画が優先され、将来を見据えた地道な計画は後回しにされがちな状況に心を痛めていた。しかし、最高指導者の要請に対応しないわけにはいかない。コロリョフは、ヴォストーク宇宙船を改造してヴォスホート宇宙船に仕立て上げる計画を立案した。計画が正式に了承されたのは1964年の4月で、最初の打ち上げはそのわずか半年後に予定されていた。**ヴォストーク１号**を彷彿《ほうふつ》させる慌ただしさである。

結局、ヴォスホート1号は1964年10月12日に打ち上げられた。16周の軌道飛行をこなす間、3人の飛行士は恐ろしく狭い船内で身動きすることもままならなかったが、約24時間後の10月13日、宇宙船は無事に帰還。この成功は、またもや世界を驚かせる大ニュースとなった。ところが、その直後に衝撃的な事件が起こる。10月13～14日に開かれたソ連の臨時中央委員会総会を経てフルシチョフは失脚してしまったのである。

翌年の3月、2人乗りに変更されたヴォスホート2号が打ち上げられた。船体に備えられていたエアロックから周回軌道上の宇宙空間へ出たアレクセイ・レオーノフは、宇宙服のトラブルに見舞われながらも世界初となるEVA（**船外活動**）に成功した。この2号をもってヴォスホート計画は打ち切られ、以後、ソ連の宇宙開発は**ソユーズ**計画を中心に進むこととなる。

ヴォスホート計画の宇宙船

ヴォスホート1号

世界初の3人乗り宇宙船

1人乗りのヴォストークを流用したため内部が狭く、3人の飛行士は宇宙服を着用せずに乗り組んだ

▼

ヴォスホート2号

世界初のEVA(船外活動)に成功

EVA(船外活動)用のエアロックを装備し、乗船定員は2名となった。飛行士は宇宙服を着用して乗り組んだ

▼

ヴォスホート計画終了。ソユーズ宇宙船の開発が本格化

ヴォスホート宇宙船の外観

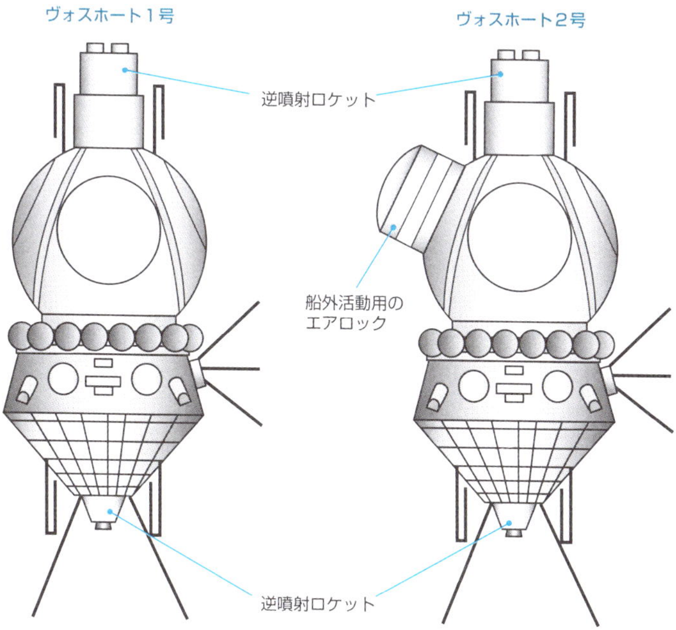

関連項目
●ヴォストーク計画→No.029
●ヴォストーク1号→No.051
●船外活動→No.016
●ソユーズ→No.057

No.031

ブラーン計画

Buran

ソ連が開発した再利用型有人宇宙船。財政難で有人飛行実験には至らなかった。見た目はアメリカのスペースシャトル・オービタとそっくり。

●アメリカ版にはないすぐれた独自性も備えていた

アメリカですでに**スペースシャトル**開発が始まっていた1976年、ソ連も再利用型有人宇宙船の開発計画を本格化した。アメリカのスペースシャトル・オービタにあたる宇宙船「ブラーン」を、使い捨て式の超大型ロケット「**エネルギア**」で地球周回軌道へ打ち上げようという計画だ。船体の製造は1980年に始まり、1983年から大気圏内でのテスト飛行も始まった。「ブラーン」はロシア語で「吹雪、ブリザード」といった意味だ。

見た目については、アメリカ版スペースシャトル・オービタのデッドコピーといわれても仕方ないほどそっくりなブラーンだが、中身や打ち上げシステムにはかなりの違いがあった。まず、ブラーンは船体に主エンジンを備えておらず、打ち上げに必要な全推力が「エネルギア」ロケットのパワーでまかなわれることになっていた（船体後部にある噴射ノズルは軌道制御用補助エンジンのものである）。主エンジンがない分、そのスペースは他の用途に当てることができた。

また、アメリカのスペースシャトル・オービタが最低でも2人の乗員（船長と操縦士）を必要としたのに対し、ブラーンは完全に無人での飛行が可能だった。実際、1988年11月15日に行われた最初の宇宙飛行試験にも飛行士は搭乗していなかった。無人のブラーンは地球周回軌道を約3時間で2周し、自動操縦でバイコヌール宇宙基地へ着陸したのである。

同年に2号機となる「ピチカ」（「小鳥」の意味）の製造が始まり、順調かと思われた開発計画の裏で、ソ連は深刻な財政難と社会情勢の変化にさらされていた。結局、1991年のソ連崩壊に伴って計画は停止。1992年に予定されていたブラーンの有人飛行試験も当然のことながら実現しなかった。

「ブラーン」と「エネルギア」ロケット

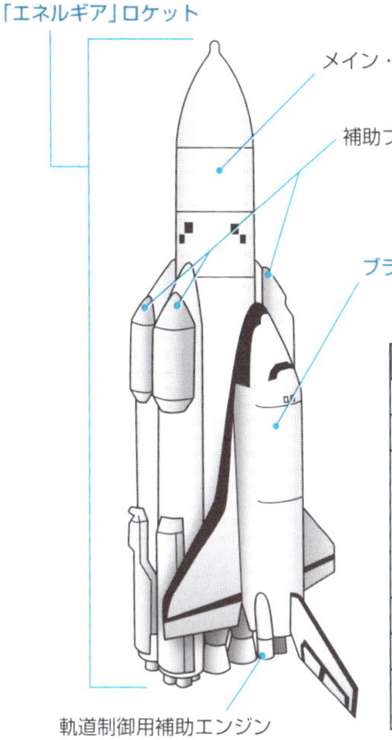

「ブラーン」開発計画の流れ	
1980年	船体製造開始
1983年	大気圏内でのテスト飛行開始
1988年11月	最初の宇宙飛行試験 ↓ 地球周回軌道を約3時間で2周し、自動操縦でバイコヌール宇宙基地へ着陸
1991年	ソ連崩壊に伴い計画停止
1992年	「ブラーン」の有人飛行試験中止
1993年6月	「ブラーン」の開発計画中止が公式に発表される

「ブラーン」とアメリカ版スペースシャトル・オービタシステムの船体の仕様

	ブラーン	オービタ
全長	36.37m	37.1m
全高	16.35m	17.25m
全幅	23.92m	23.8m
ペイロード・ベイの大きさ	18.55m×4.65m	18.29m×4.57m
重量	60～76t	70～84t
地上→低軌道への輸送能力	30t	25t
低軌道→地上への輸送能力	20t	15t
打ち上げ用主エンジン	なし	3基
補助エンジン	あり	あり
無人飛行	可	不可
乗船定員	0～	2～7名

関連項目
●スペースシャトル計画→No.028
●エネルギア→No.070

No.032

スパイラル 50-50 計画

Spiral 50-50

1965年に開発が始まったソ連の再利用型宇宙船システム。超音速機が宇宙船を背負って離陸するユニークなスタイルだった。

●アメリカの「X-20 ダイナソア」計画に対抗?!

アメリカの「**X-20 ダイナソア**」計画が、実機の製造目前で中止されてから約2年。ソ連でも、1人乗りの再利用型宇宙船「スパイラル」の開発が始まった。地球周回軌道を飛行した後に地上の基地へ着陸できる、というところは「X-20 ダイナソア」と同じ。しかし、**タイタン**などの使い捨て式ロケットで打ち上げられる計画だった「X-20 ダイナソア」に対して、スパイラルの打ち上げシステムには野心的ともいえるほど大胆な構想が盛り込まれていた。それは、飛行場から離陸可能な超音速有人航空機をスパイラルの母船として使う方式だった。プランを立案したのは、ソ連の航空機設計局のひとつだった「MiG《ミグ》」である。

母船の背中にある発射台に搭載されたスパイラルは、離陸した母船で上空へ運ばれる。マッハ5以上で飛行する母船が高度30,000m付近に達したら、スパイラルは母船から離脱して液体燃料ロケットブースタに点火。さらに上昇して地球周回軌道へ乗るのである。母船とスパイラルは、地上の基地へ個別に着陸して再利用される仕組みだ。このシステムは「スパイラル50-50」と呼ばれ、1977年の初飛行を目標に開発が進められた。

母船の開発はツポレフ航空機設計局が担当した。しかし、世界初の超音速民間旅客機「Tu-144」を開発した技術力をもってしても、開発は難航を極める。結局、母船の登場を待たずにスパイラル50-50計画は1969年に凍結された。いっぽう、スパイラルの試験機として開発された「MiG-105」は、1976～1977年にかけて8回の実験飛行に成功。そのデータは**ブラーン**の開発に役立てられた。なお、スパイラルが宇宙飛行をする際のテストパイロットとして待機していたメンバーの中には、ヴォストーク2号で宇宙飛行経験のあるゲルマン・チトフがいた。

「スパイラル 50-50」システムの飛行

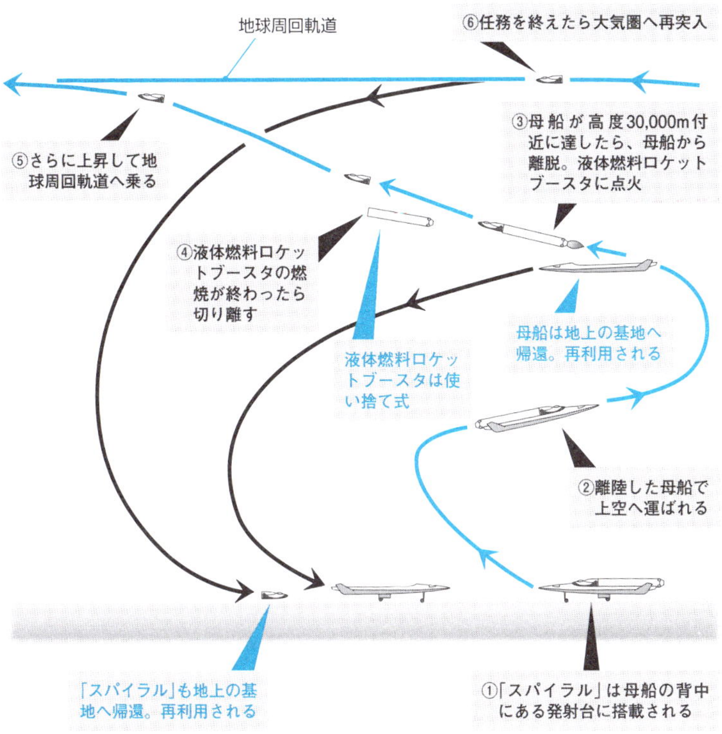
地球周回軌道
⑥任務を終えたら大気圏へ再突入
⑤さらに上昇して地球周回軌道へ乗る
③母船が高度30,000m付近に達したら、母船から離脱。液体燃料ロケットブースタに点火
④液体燃料ロケットブースタの燃焼が終わったら切り離す
母船は地上の基地へ帰還。再利用される
液体燃料ロケットブースタは使い捨て式
②離陸した母船で上空へ運ばれる
「スパイラル」も地上の基地へ帰還。再利用される
①「スパイラル」は母船の背中にある発射台に搭載される

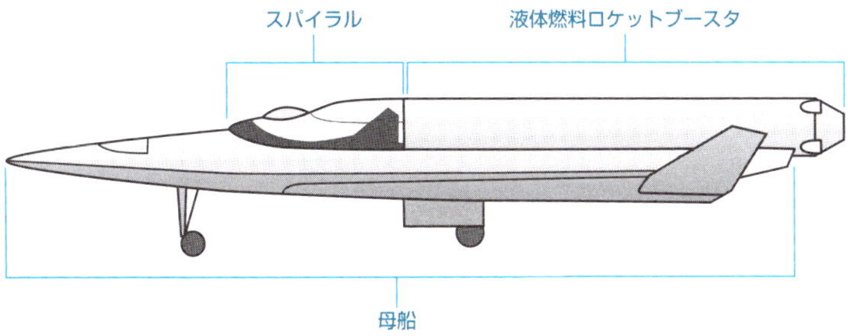
スパイラル
液体燃料ロケットブースタ
母船

関連項目

●X-20 ダイナソア→No.050
●ブラーン計画→No.031
●タイタン→No.072

No.033

エルメス計画

Hermes

ヨーロッパ宇宙機構（ESA）が開発計画を進めていた再利用型宇宙船。ヨーロッパ版のスペースシャトル・システムになるはずだった。

●フランス生まれのシャトルは実現ならず

フランス国立宇宙研究センター（CNES）は、「**アリアン**」ロケットで打ち上げ可能な小型宇宙機の研究を進めていた。当初のイメージはアメリカの「**X-20ダイナソア**」に近いものだったようである。しかし、1980年代の半ばまでには、4〜6名の人間と約4.5tのペイロードを搭載可能な再利用型宇宙船へと開発構想が発展していた。さしずめ、小型のフランス版「**ブラーン**」という雰囲気だ。多額の開発予算が必要になることは明らかだが、実現すれば、ヨーロッパは独自に有人宇宙開発を進めるための輸送手段を確立できることになる。結局、このプランは1987年にヨーロッパ宇宙機構（ESA）のエルメス計画となり、正式な研究開発が始まった。

アメリカの**スペースシャトル**・オービタ「**チャレンジャー**」が事故を起こしたことで、エルメスの仕様は大幅に変更されていった。事故の際の脱出システムを備えるために、乗員は最大でも3名となった。また、搭載可能なペイロードの重量は約3tに減り、貨物室の配置などを含む船体のデザインも変更が繰り返された。そのころのエルメスは、最高で約800㎞の地球周回軌道で3人の宇宙飛行士が30〜90日間におよぶ任務をこなせる乗り物になる予定だった。

そんな中、1991年にソ連が崩壊して東西の対立構造は大きく変化する。これを受けて、ヨーロッパ独自の再利用型宇宙船を開発するために多大な予算を費やし続ける必要があるのか、再検討を求める声も出てきた。**国際宇宙ステーション（ISS）**の建設に参加を決めたESAは、ロシアとNASAが建設資材や人員の輸送手段をすでに実用化している（**ソユーズ**宇宙船やスペースシャトル・システムなど）ことから、エルメスの必要性は絶対的なものではないと判断。1993年に計画は中止された。

「エルメス」開発計画の流れ

年	出来事
	フランス国立宇宙研究センター（CNES）で研究が始まる 乗員4～6名、約4.5tのペイロードを搭載可能な再利用型有人宇宙船
1986	スペースシャトル「チャレンジャー」の事故
1987～	ヨーロッパ宇宙機構（ESA）の「エルメス」計画として正式スタート 乗員3名、約3tのペイロードを搭載可能な再利用型有人宇宙船へと設計変更
1991	ソ連の崩壊
1993	開発予算の問題や、社会情勢（ソ連の崩壊・東西対立構造の変化など）などにより中止が決定

打ち上げ時の「エルメス」

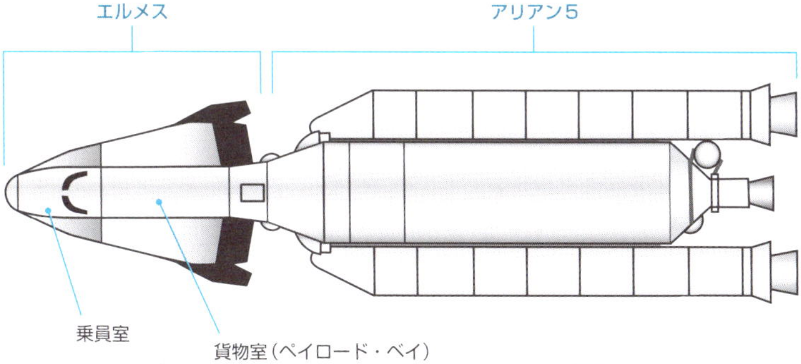

「エルメス」の船体は「アリアン5」ロケットの上部に搭載されて打ち上げられることになっていた

「エルメス」は、ギリシア神話に登場するオリュンポス12神のひとりで「ヘルメス」ともいう（ローマ神話では「マーキュリー」に相当）。神々の伝令役で、翼のある靴を履いて風よりも速く走ることができるとされている。

関連項目

●アリアン→No.071
●X-20ダイナソア→No.050
●ブラーン計画→No.031
●スペースシャトル計画→No.028
●チャレンジャー→No.060
●国際宇宙ステーション（ISS）→No.065
●ソユーズ→No.057

No.034

ふじ計画

Fuji concept

2001年にNASDA（現JAXA）が公開した有人宇宙船構想。低コスト、高拡張性、そして無限に近い応用範囲の広さが魅力だ。

●既存の技術で実現可能な国産宇宙船システム

「ふじ」は、ロシアの**ソユーズ**宇宙船などに似た構成の使い捨て式カプセル型宇宙船である。「ふじ標準型」と呼ばれる船体は、コア・モジュール、拡張モジュール、推進モジュールという3つのモジュールを組み合わせた構成になっている。

コア・モジュール単体に搭載できる物資は、3名の飛行士が宇宙に24時間滞在できる分だけだ。しかし、拡張モジュールと推進モジュールを連結した「ふじ標準型」であれば、滞在期間は約1か月と大幅に長くすることができる。

「ふじ」は、あくまでも構想として提案された宇宙船システムで、実際に開発計画が発足しているわけではない。日本の宇宙開発陣がすでに手にしている成果を組み合わせることで開発可能とされており、革新的な技術の開発を前提としたものでもない。にもかかわらず、専門家だけでなく宇宙開発に興味をもつさまざまな人が「ふじ」に大きな可能性と魅力を感じている。理由のひとつは、アイディア次第で用途をどんどん広げられる船体の構成にある。

拡張モジュールはコア・モジュールのドッキング・ポートへ連結する仕組みだ。したがって、物資輸送用、科学実験用、観測用、宇宙観光用など、目的と用途に合わせた拡張モジュールを作ることで、「ふじ」の用途は無限に広がっていく。実績をもとにコア・モジュールや推進モジュールに改良を加えていけば、「ふじ」全体の信頼性も増していくだろう。打ち上げ用には、H-ⅡAをはじめとする世界各国のロケットが使えるように考えられている。構想の段階から、ぜひ具体的な一歩を踏み出してほしい計画といえよう。

ふじ標準型

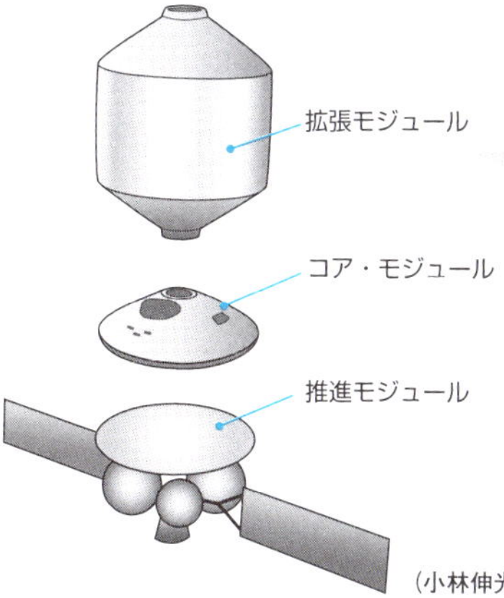

- コア・モジュールを中心に拡張モジュールと推進モジュールが連結される
- コア・モジュールの直径は約3.7m。重量は3tを下回るようになる計画
- 拡張モジュールと推進モジュールは、大気圏再突入前にコア・モジュールから切り離し、投棄される

（小林伸光氏のイラストによる）

拡張モジュールのデザイン案

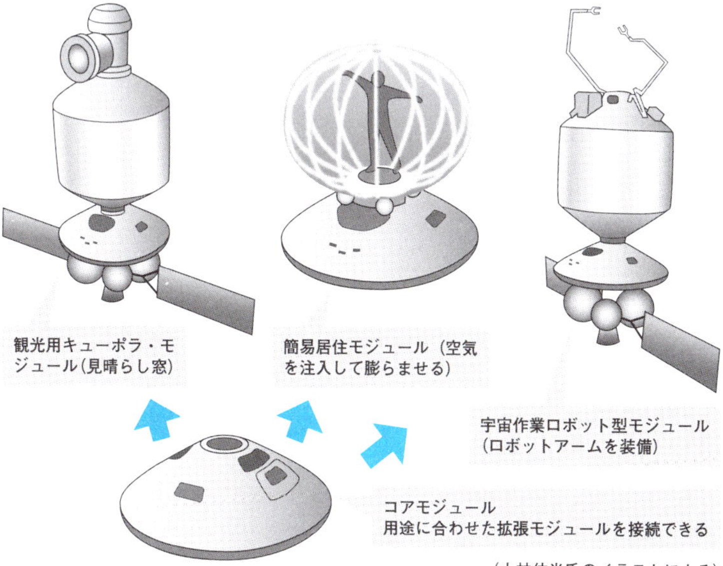

（小林伸光氏のイラストによる）

関連項目
●ソユーズ→No.057
●H-IIロケット→No.069

No.035

HOPE／HOPE-X計画

HOPE / HOPE-X

「HOPE」は日本版スペースシャトル・オービタを目指して計画された再利用型の無人宇宙船。「HOPE-X」はその試験機だった。

●特徴は「無人」

「HOPE《ホープ》」は、宇宙開発事業団（NASDA、現JAXA）が開発を進めていた小型の再利用型宇宙船だ。無人で運行する宇宙船で、打ち上げにはH-ⅡAロケットが使われることになっていた。

主な用途は、宇宙ステーションへの往復飛行による物資の補給・回収、地球周回軌道上での実験・観測ミッションなど。軌道上での任務を終えたら大気圏へ再突入。大気圏内ではリフティング・ボディを活かしてグライダーのように滑空し、地上の滑走路へ着陸する仕組みである。

船体の形状はアメリカ版**スペースシャトル**・オービタに似ているが、長さ約16mで幅は約10mと、それぞれ半分以下のサイズである。ロケットのペイロードとして打ち上げられ、完全な無人飛行が可能という点では、ソ連の**ブラーン**に近い特徴をもっていたといえる。

HOPEの開発用実験機として計画されたのが「HOPE-X」である。船体の大きさはHOPEとほぼ同じだが、貨物室などを実装しない状態で試験飛行を行うことになっていた。HOPE-Xに先立って、技術的な課題の洗い出しや実地検証用に作られた試験機もある。OREX（軌道再突入実験機）、HYFLEX（極超音速飛行実験機）、ALFLEX（小型自動着陸実験）がそれで、1994～1996年にかけて飛行実験が行われている。実験はほぼ成功のうちに終了し、貴重なデータが蓄積されることとなった。

HOPEの実機が登場して運用が開始されれば、日本の宇宙開発にとって非常に大きな可能性が広がり、将来に実現するかもしれない「有人」の再利用型宇宙船開発にも貴重なデータをもたらしてくれるはずだった。しかし、期待とは裏腹に開発予算の制約は厳しく、実機の製作計画は2000年8月に凍結されてしまった。

HOPEの概要

宇宙開発事業団が開発を進めていた再利用型の無人宇宙船

日本版スペースシャトル・オービタを目指して計画された

▼

主な用途と仕組み	・宇宙ステーションへの往復飛行による物資の補給・回収
	・地球周回軌道上での実験・観測ミッション
	・軌道上での任務を終えたら大気圏へ再突入する
	・大気圏内ではリフティング・ボディを活かしてグライダーのように滑空し、地上の滑走路へ着陸する

◆HOPE（20t級）の概略図

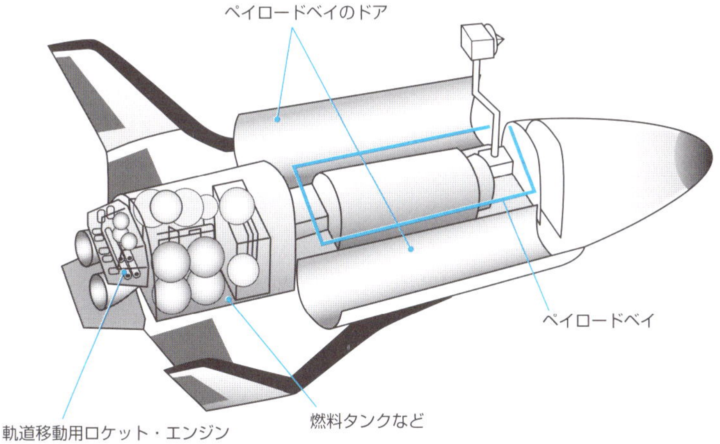

↑

船体の形状

アメリカ版スペースシャトル・オービタに似ているが、サイズは長さ約16mで幅は約10mと、それぞれ半分以下

➡

ブラーン（ソ連）に近い特徴

ロケットのペイロードとして打ち上げられ、完全な無人飛行が可能

関連項目

●H-Ⅱロケット→No.069
●スペースシャトル計画→No.028
●ブラーン計画→No.031

No.036

プロジェクト921-1・神舟

Project 921-1 Shenzhou

中国が1992年に正式発表した有人宇宙飛行計画のひとつ。宇宙船「神舟」による最初の有人飛行は2003年に実現した。

●宇宙開発大国への道を歩む中国

国策のひとつとして1980年代の後半から有人宇宙飛行の研究に取り組み始めた中国は、1992年に「プロジェクト921」を正式発表する。この宇宙開発計画は、神舟《シェンチョウ》宇宙船による有人飛行、周回軌道上への宇宙ステーション建設、中国版**スペースシャトル**ともいえる再利用型宇宙船システム（後に計画はキャンセル）などを含むスケールの大きなものだった。

1993年には、「プロジェクト921」をはじめとした宇宙事業政策を統括する国家機関「中国国家航天局（CNSA）」と、宇宙船やロケットの開発などを担当する国営企業「中国航天工業公司（CASC）」が設立される。「プロジェクト921」の第一段階となる神舟での有人飛行計画は、「プロジェクト921-1」として進められることになった。

1995年、中国とロシアの間に有人衛星に関する技術供与協定が成立した。これをきっかけに、中国はロシアが**ソユーズ**宇宙船の開発・運用で蓄えてきたさまざまな技術情報やデータを取得。神舟の開発は大きく進展した。また、中国人の宇宙飛行士候補が、ロシアの宇宙飛行士トレーニングセンターで訓練を受ける機会などにも恵まれることになった。

神舟1号は、打ち上げ用として新たに開発された「長征2F」で1999年11月に打ち上げられ、無人での軌道周回飛行に成功。乗員が帰還するための降下船の回収もうまくゆき、上々の滑り出しを見せた。2～4号では動物や試験用に作られた飛行士の人形を乗せての飛行も行われている。

初の有人宇宙船となった**神舟5号**は、宇宙飛行士の楊利偉《ヤンリーウェイ》中佐を乗せて2003年10月15日に打ち上げられ、21周の軌道飛行に成功。中国は有人宇宙飛行を成功させた3番目の国となった。2005年10月12日には2名の飛行士を乗せた神舟6号も飛行に成功している。

神舟宇宙船の飛行計画

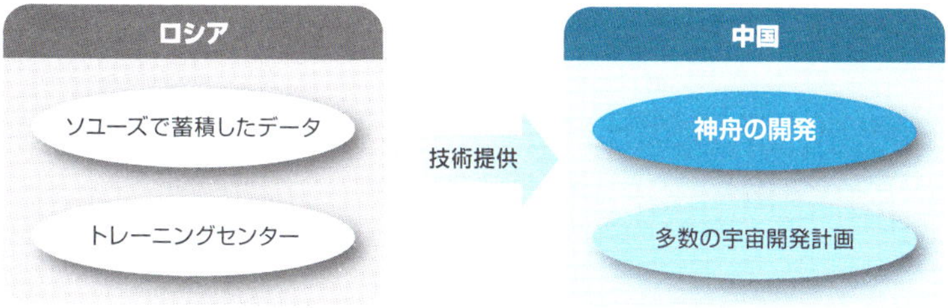

	打ち上げ日時	内容
1号	1999/11/20	無人での打ち上げ。降下船の回収に成功
2号	2001/1/10	動物を乗せた無人飛行。軌道飛行の変更、切り離した軌道船の運用に成功
3号	2002/3/25	飛行士の人形を乗せての無人飛行。切り離した軌道船の運用に成功
4号	2002/12/30	飛行士の人形を乗せての無人飛行。切り離した軌道船の運用に成功
5号	2003/10/15	初の有人宇宙飛行（乗員１名）
6号	2005/10/12	２度目の有人宇宙飛行（乗員２名）

2段式の長征2F型ロケット

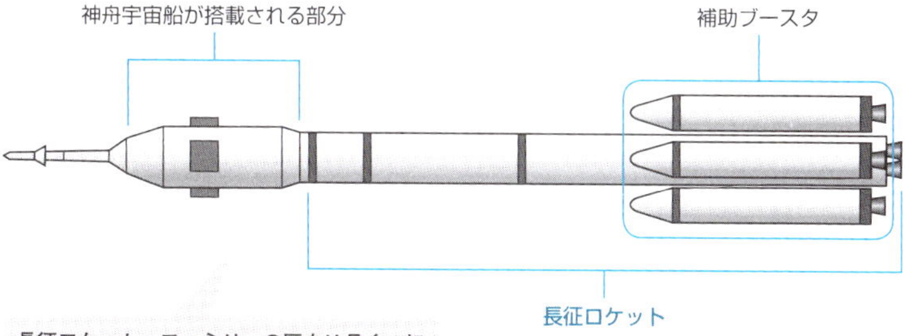

長征ロケット・ファミリーの歴史は長く、初飛行は1970年。中国初の人工衛星「東方紅」の打ち上げに使われた。
神舟宇宙船の打ち上げに使われているのは2段式の「長征2F型」である。

長征2F型のスペック	
全長	58m
最大径	3.4m
打ち上げ時重量	464t
低軌道への打ち上げ能力	3.5t
静止軌道への打ち上げ能力	8.4t

関連項目
●スペースシャトル計画→No.028
●ソユーズ→No.057
●神舟５号→No.066

No.037

コンステレーション計画

Constellation Program

NASAが進めている次世代の有人宇宙船開発計画。開発中の宇宙船「オリオン」は、アポロに似た形状の有人宇宙船だ。

●スペースシャトル・システムとは一線を画す

スペースシャトルの退役を2010年に控え、NASAは次世代の宇宙輸送システムと有人宇宙船の開発を本格的に開始した。「コンステレーション」(英語で「星座」の意味)と名付けられた計画により、有人宇宙船「オリオン」と打ち上げ用ロケット「アレス」の開発が進んでいる。

オリオンの司令船は直径約5mの円錐形。使い捨て式のカプセル型宇宙船だが、**アポロ**宇宙船のように1回限りの使い捨て式ではなく、約10回の再利用に耐える造りになる予定である。**国際宇宙ステーション(ISS)**の人員輸送に使われる場合は、最大で6人を運ぶことができる。司令船の後部に連結される機械船は、軌道修正用のロケット・エンジンを搭載するほか、**ソユーズ**宇宙船などでおなじみになった翼のように広がる太陽電池パネルが取り付けられることになっている。

オリオンは2014年までに有人での初飛行、2020年までには月着陸が行われ、さらに将来は火星への有人飛行にも活用される計画だ。

打ち上げ用ロケット「アレス」は、「アレスⅠ」、および「アレスⅤ」の2種類が開発中。オリオンの打ち上げに使われる「アレスⅠ」は2段式ロケットで、低軌道へ最大で約25tのペイロードを送り出すことが可能だ。1段目にスペースシャトルの打ち上げに使われている固体燃料ロケットブースタ、2段目に液体燃料ロケットが組み合わせられている。

スペースシャトルでは、打ち上げてから固体燃料ロケットブースタの噴射が終了するまでの約2分間、オービタが緊急的に離脱することは事実上不可能だった。しかし「アレスⅠ」は、打ち上げ時にトラブルが発生したとき、オリオンを切り離して避難させる「緊急脱出システム」を搭載しており、安全性はぐんと高くなっている。

「オリオン」の飛行想像図

◀提供：NASA

司令船：直径約5mの円錐形。約10回の再利用に耐える造りになる

機械船：司令船の後部に連結される。軌道修正用のロケット・エンジンを搭載するほか、翼のように広がる太陽電池パネルが取り付けられる

月への飛行手順

「アレスV」で月着陸船を打ち上げる

▼

「月着陸船」は「地球軌道離脱段」に乗った状態で地球周回軌道で待機する

▼

「アレスＩ」で「オリオン」を地球周回軌道へ打ち上げる

▼

「オリオン」と「月着陸船」＋「地球軌道離脱段」がドッキングする

▼

「地球軌道離脱段」のエンジンに点火し、地球の引力圏を離脱

▼

月への軌道に乗ったら「地球軌道離脱段」を切り離し、「オリオン」＋「月着陸船」が月を目指す

関連項目

●スペースシャトル計画→No.028
●アポロ計画→No.026
●国際宇宙ステーション（ISS）→No.065
●ソユーズ→No.057

アポロって実は月に行ってないんじゃないのか？　という話

アポロ宇宙船が月面へ着陸したというのは嘘で、公表されている写真や映像は世界をだますために捏造《ねつぞう》されたものだ、という説は、宇宙船にさほど興味のない人も一度は聞いたことがあるのではなかろうか。このような説は「ムーンホークス（Moon Hoax）」説と総称されている。「hoax」とは「（人を）かつぐ、だます」とか「悪ふざけ、いたずら」といった意味をもつ英語だ。「Moon Hoax」を意訳すると、さしずめ「月の有人探査に関する与太話」とでもなりそうだ。

ムーンホークス説は、1969年にアポロ11号が月面への着陸と地球への帰還を果たした直後からアメリカを中心にささやかれ始めていた。宇宙空間の放射線に飛行士の身体が耐えられたはずはない、といった素朴な発想に端を発するものや、月面での映像として公開された静止画や動画に対して「妙なところがいくつもある。こんな映像になったのは、月ではなくて地球上にあるセットで撮影したからに違いない」と考えたものなどがある。後者の見方をする人たちが指摘する代表的な「疑惑」は以下のような点だ。

- 大気がない月面は風も吹かないのに、飛行士の立てた星条旗がはためいている
- 月面で撮影された写真は空に星が写っていない
- 重力が地球の1／6なのに、物の落下速度が速すぎる動画がある

これらをはじめとする数々の「疑惑」を巧妙に取り上げたテレビ番組は世界各国で放映されているため、ムーンホークス説を鵜呑《うの》みにしてしまう人たちもいる。しかし、実のところムーンホークス説の信者が「疑惑」の目を向けていることがらには、科学的かつ合理的な説明が可能だ。星条旗がはためいているように見えるのは、旗を支えるためのワイヤが前もって仕込まれていたからだし、空に星が写っていないのは、明るい月面に露出を合わせてあるため相対的に光の弱い星が写らなかったのである。重力が弱いのに物が速く落ちているように見える動画は、落ち始めるとき偶然に力が加わって初速がついていたからだ。

日本でも、ムーンホークス説を取り上げたテレビ番組や書籍は、ある程度の期間をおいて繰り返し注目を集めている。しかし、説明を添えれば氷解するはずの疑問を、わざと説明を隠した状態で並べ立てることで、「ある種の陰謀」の存在を間接的に証明する「疑惑」のように見せたものが目につく。表だってムーンホークス説の非科学的な点を検証したり矛盾点を批判したりしているものは、意外に少ないのが実情だ。ムーンホークス説について多角的に考察している書籍としておすすめできるのは、『と学会レポート　人類の月面着陸はあったんだ論』（楽工社）だ。また、JAXAなどが主催するWebサイト「月情報探査ステーション」にある「月を知ろう」というコンテンツ内には、「月の雑学　第3話 人類は月に行っていない!?」という項目が立てられている。数々の「疑惑」に対する検証と説明がなされているので、ぜひ一度ご覧になっていただきたい。

第3章
地球から宇宙へ

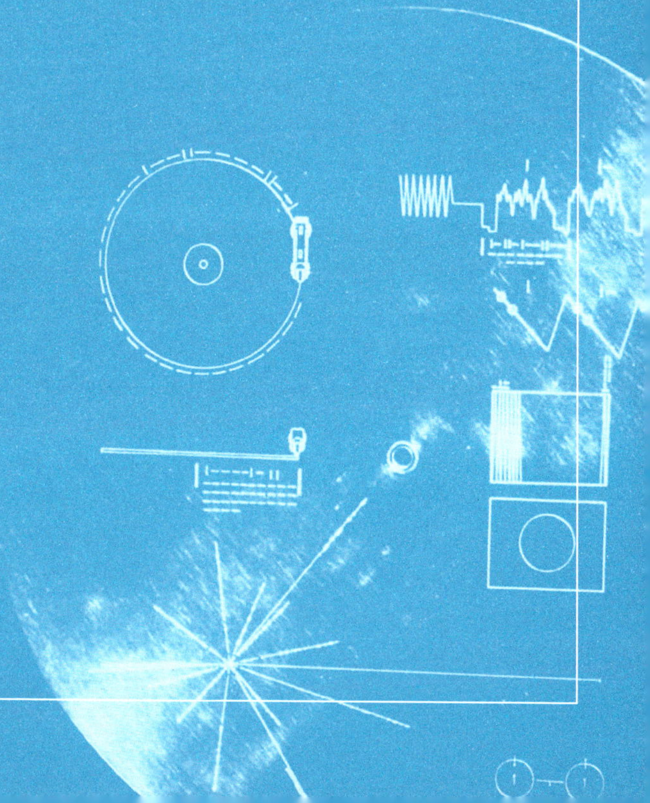

No.038

宇宙船に至るまでの歴史

The history of a spaceship

現在の宇宙船は、宇宙へ行くためにはどうしたらよいかを研究し続けたさまざまな人たちの努力によって生まれたものだ。

●ジュール・ヴェルヌの小説は影響力大

ロケットで宇宙へ行くための理論的な研究は、ロシアの**コンスタンチン・E・ツィオルコフスキー**によって初めて具体的な形で示された。ロケットの性能を計算するための公式を作り、真空の宇宙を飛ぶにはロケットが必須であることや、液体燃料式ロケットや多段式ロケットの有用性なども見抜いていたことから、「宇宙旅行の父」と呼ばれている。

実際にロケットをとばす実験の先駆者といえるのは、アメリカの**ロバート・ハッチンス・ゴダード**である。姿勢制御機能を備えた液体燃料ロケットの実験で大きな成果をあげているが、当時はその重要性があまり理解されていなかった。しかし、業績の偉大さは後に評価され、彼は「ゴダード宇宙センター」に名前を残すことになった。

ドイツでは、1923年に**ヘルマン・オーベルト**によってロケットを使った宇宙飛行に関する研究論文が出版された。1927年には財団法人**宇宙旅行協会**が誕生。民間によるロケットの研究開発が始まる。メンバーの中には学生だった**ヴェルナー・フォン・ブラウン**もいた。その後、彼らはドイツ陸軍でロケット兵器の開発に携わる。第二次世界大戦で使われた**V2ロケット**には、ゴダードの研究成果も使われている。

終戦が近くなった時期、ドイツのロケット技術がソ連に多く流れる中、フォン・ブラウンらはアメリカへ投降。**マーキュリー計画**に使われたロケット「レッドストーン」の元となるミサイルなどを開発している。

第二次世界大戦後は、冷戦の中で米ソがいわゆる西側と東側の優位性を示すため、宇宙開発競争が進むことになる。ソ連が1957年に打ち上げた世界初の人工衛星「スプートニク1号」は世界中を驚かせ、そのわずか3年後には史上初の有人宇宙船**ヴォストーク1号**が成功を収めるのだ。

ロケット開発の先駆者たち

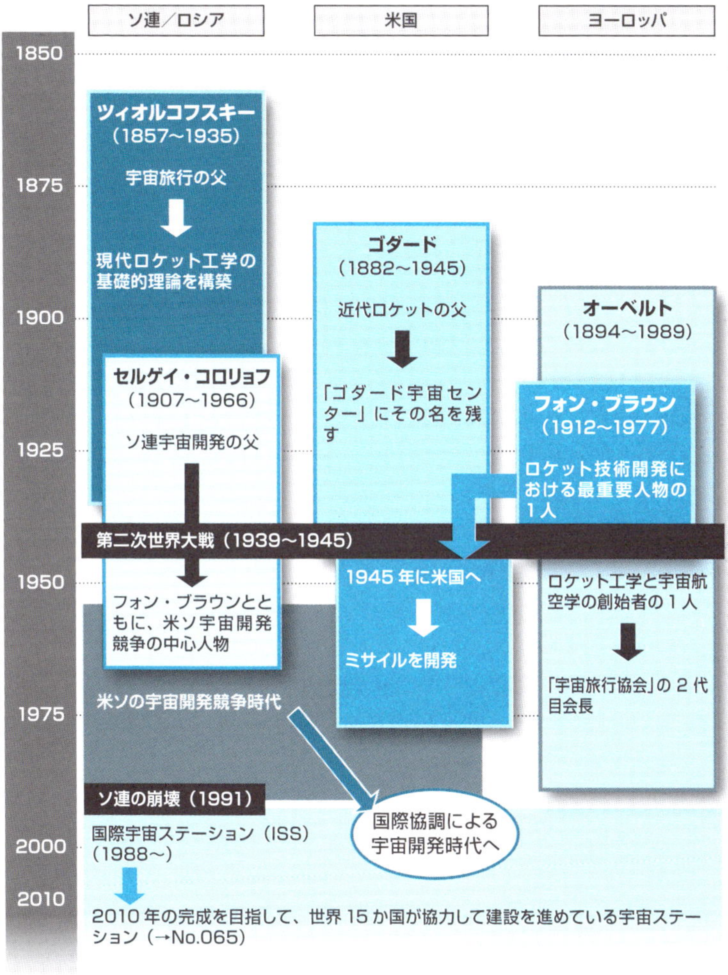

関連項目

●ジュール・ヴェルヌ→No.039
●コンスタンチン・E・ツィオルコフスキー→No.041
●ロバート・ハッチンス・ゴダード→No.042
●ヘルマン・オーベルト→No.043
●宇宙旅行協会→No.045
●ヴェルナー・フォン・ブラウン→No.046
●V2ロケット→No.047
●マーキュリー計画→No.024
●ヴォストーク1号→No.051

No.039

ジュール・ヴェルヌ

Jules Verne

H・G・ウェルズとともにSF小説に大きな足跡を残したジュール・ヴェルヌの作品は、多くの宇宙ロケット開発者を虜にしている。

●SF小説の父

1828年2月8日、ジュール・ヴェルヌはフランスの港町ナントに生まれた。

船乗りたちからさまざまな物語を聞かされ、冒険心と想像力とをかきたてられたヴェルヌ少年は、11歳の時に家出してインド行きの帆船に乗り込んだ。冒険の途中で家族に連れ戻され、「もうこれからは想像の中でしか旅行をしない」と誓わされたというのはあまりにも有名な話であり、後年の「作家」ヴェルヌのことを考えると出来過ぎともいえるエピソードである。

法律を学ぶためパリに出たヴェルヌは、アレクサンドル・デュマ親子と出会い、劇作家を志すようになり、処女作『折れた麦わら』は大デュマのプロデュースで劇場にかけられた。エドガー・アラン・ポオの影響で科学小説に興味をもったヴェルヌは、友人フェリックス・ナダールと彼の気球をモデルにした小説『気球に乗って五週間』にて科学冒険小説という新しいジャンルの小説を生み出した。児童向け図書の編集者ジュール・エッツェルと組んだヴェルヌは、この作品を皮切りに「驚異の旅」シリーズに着手。『地底旅行』『八十日間世界一周』など、驚くべき想像力と緻密な描写で織り成される架空の冒険譚《たん》を次々と著した。「驚異の旅」シリーズには時折、『海底二万リーグ』『神秘の島』『グラント船長の子供たち』のような続きものの連作が含まれていて、『月世界旅行』『月世界へ行く』『地軸変更計画』も三部作を構成する連作だった。巨大な**コロンビアード砲**による月旅行を描く最初の2作品において、大砲の砲弾が地球の引力圏を脱出するための数式を彼が提示したことは、具体的に宇宙へ行くための方法を科学者たちに考えさせるきっかけを与え、宇宙ロケット開発のパイオニアたちはことごとくヴェルヌのこのシリーズの愛読者だった。なお、ヴェルヌはまた『インド王妃の遺産』の中で人工衛星のアイディアも与えている。

ジュール・ヴェルヌの生涯と主要作品

1828年	フランスの港町ナントに生まれる
1839年	家出してインド行きの帆船に乗り込む
1848年	法律を学ぶためパリに出るが、アレクサンドル・デュマ親子との出会いにより劇作家を志す
1863年	『気球に乗って五週間』発表。科学冒険小説というジャンルを生み出す
1865年	『月世界旅行』発表
1905年	死去。77歳

連れ戻され「もうこれからは想像の中でしか旅行をしない」と誓わされたという有名な逸話を残す

主な作品と発表年

『地底旅行』(1864)
『グラント船長の子供たち』(1865)
『海底二万リーグ』(1869)
『八十日間世界一周』(1872)
『神秘の島』(1874)
『インド王妃の遺産』(1879)

後の宇宙ロケット開発者に多大な影響を与えた作品

愛読者たち

ジュール・ヴェルヌ
(1828～1905)

作品を愛読

コンスタンチン・E・ツィオルコフスキー(ロシア)

- 『月世界旅行』によって宇宙空間への道を拓かれる
- ロケット理論の礎を築く数々の研究発表を行った「宇宙旅行の父」 (→No.041)

ヘルマン・オーベルト(ルーマニア)

- 『月世界旅行』を一字一句を諳んじるほどに読みひたる
- 宇宙ロケットに関する研究論文を発表、宇宙旅行協会の第2代会長を務め、フォン・ブラウンが終生師と仰いだ (→No.043)

ロバート・ハッチンス・ゴダード(アメリカ)

- 『月世界旅行』をはじめとするSF小説を愛読
- ロケット開発のパイオニアであり、「近代ロケットの父」と呼ばれる (→No.042)

関連項目

●コロンビアード砲→No.040

No.040

コロンビアード砲

Columbiard

ジュール・ヴェルヌの『月世界旅行』でボルチモア大砲クラブのバービケインの大計画を成し遂げるため鋳造された巨大な大砲。

●大砲で月へ！

南北戦争に従軍した退役砲兵を中心とする大砲人間たちが群れ集うボルチモア大砲クラブ。「大砲を発明したことがあるか、少なくとも改良したことがなくてはならない」という条件を満たす者のみが入会を認められるこの団体の会長の座にあったインペイ・バービケインの演説によって、空前絶後の大計画が幕を開けた。フロリダ州はノースポート市内、北緯27度7分、西経5度7分の位置にあるストーニー・ヒルの地面を掘削して全長900フィートに及ぶ巨大な砲身を鋳造し、月世界へと砲弾を撃ち込むというのである。勇気と智謀あふれるバービケインと天才的数学者にして大砲狂いのJ・T・マストンら一癖も二癖もある大砲クラブの面々、これに、砲弾に自ら乗り込み月世界へと赴かんとフランスからやってきた冒険野郎ミシェル・アルダンと、最初は大砲クラブに敵対し、後に同志となったニコル大尉を加えた面々は無理・無茶・無謀な計画を推し通し、ついにはストーニー・ヒルに設置されたコロンビアード砲から、バービケインとアルダン、ニコル大尉ら3名、それと2匹の犬を乗せたアルミニウム製の弾丸が、186X年12月1日の午後10時46分40秒に月めがけて発射されたのだ。

バービケインらを乗せた砲弾は、さまざまな計算違いによってついに月面には到達しなかったが、月の周囲をぐるりと回った後、12月12日午前1時17分、北緯27度7分、西経41度30分の太平洋中に落下し、発射の衝撃で命を落とした犬1匹を除いて全乗員が帰還を果たしたのである。

コロンビアード砲とボルチモア大砲クラブの名前が再び世間を騒がせることになるのは189X年。大砲クラブの面々は中央アフリカのキリマンジャロ山脈がそびえるワマサイ国において新たなコロンビアード砲を鋳造し、発射の反動で地球の地軸をまっすぐにすることをもくろんだのである。

十日間に及ぶ月への旅

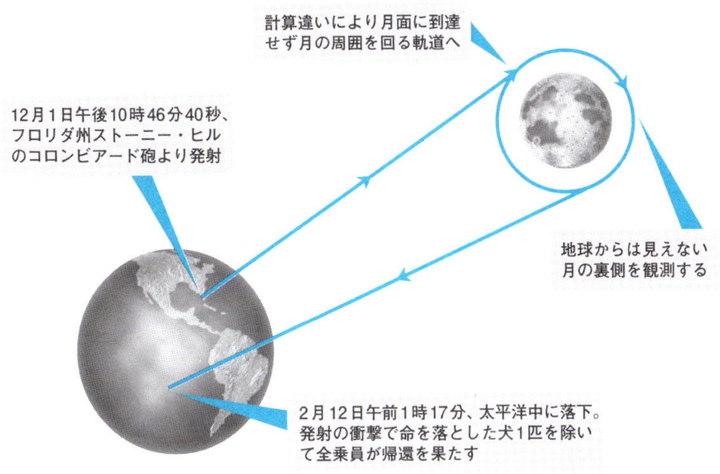
計算違いにより月面に到達せず月の周囲を回る軌道へ
12月1日午後10時46分40秒、フロリダ州ストーニー・ヒルのコロンビアード砲より発射
地球からは見えない月の裏側を観測する
2月12日午前1時17分、太平洋中に落下。発射の衝撃で命を落とした犬1匹を除いて全乗員が帰還を果たす

コロンビアード砲より撃ち出された砲弾

ボルチモア大砲クラブにより撃ち出され、月を周回し地球へ帰還した砲弾

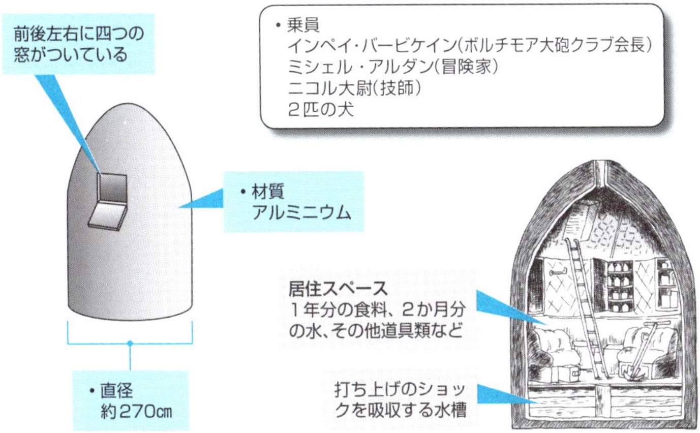
前後左右に四つの窓がついている
・乗員
インペイ・バービケイン(ボルチモア大砲クラブ会長)
ミシェル・アルダン(冒険家)
ニコル大尉(技師)
2匹の犬
・材質
アルミニウム
居住スペース
1年分の食料、2か月分の水、その他道具類など
打ち上げのショックを吸収する水槽
・直径
約270㎝

関連項目

●ジュール・ヴェルヌ→No.039

No.041

コンスタンチン・E・ツィオルコフスキー

Konstantin Eduradovich Tsiolkovskiy

ロケットによる宇宙旅行を最初に研究したツィオルコフスキー。早すぎた天才といわれた彼により、現代ロケット工学の礎は築き上げられた。

●「宇宙旅行の父」

「地球は人類の揺りかごだが、我々が永遠に揺りかごに留まることは無いであろう」という友人宛ての手紙からの引用が有名なコンスタンチン・エドアルドビッチ・ツィオルコフスキーは、1857年9月、モスクワ近郊のイジェーフスコイエ村に生まれた。齢9歳にして猩紅熱《しょうこうねつ》にかかって聴力のほとんどを失い学校に通うことができなくなってからも、ツィオルコフスキーは図書館などを用いて独学で数学、科学を学習し、少年時代に熱中した**ジュール・ヴェルヌ**の『月世界旅行』によって拓かれた宇宙空間への道を模索し続けた。このころ、彼は『気体運動論の原理』という論文をロシア物理化学協会に提出しているが、これを見たロシア科学界の重鎮ドミトリ・メンデレーエフは若きツィオルコフスキーの才能にひどく感嘆したという。

中学校の数学教師という職業を得た後も、ツィオルコフスキーはロケットを用いた宇宙旅行の可能性について研究を続け、1883年には『自由空間』と題した論文を、1895年には最初に「人工衛星」という言葉が用いられたSF小説『地球と宇宙に関する幻想』を執筆した。1897年にはロケットの速度がロケットの全重量と燃焼後の全重量の比、そして噴射ガスの速度によってより大きくなることを示した「ツィオルコフスキーの公式」を発表、1903年の『反作用利用装置による宇宙探検』の中では液体水素と液体酸素を燃料とする流線型ロケットの設計図を示すなど、ロケット理論の礎を築く数々の研究発表を行っている。1919年にはソビエト連邦アカデミーの正会員に選ばれ、以後、1935年9月19日に没するまでロケットの研究に生涯を捧げることになる。月の裏側には彼の名を冠したクレーターが存在し、1957年に打ち上げられた世界最初の人工衛星「スプートニク1号」は、彼の生誕100年を記念してこの年が選ばれたのだといわれている。

コンスタンチン・E・ツィオルコフスキーの生涯

1857年	モスクワ近郊のイジェーフスコイエ村に生まれる
1866年	猩紅熱にかかって聴力のほとんどを失う
1879年	中学校の数学教師の職業を得る
1883年	論文『自由空間』を発表
1895年	SF小説『地球と宇宙に関する幻想』を執筆
1897年	「ツィオルコフスキーの公式」を発表
1903年	『反作用利用装置による宇宙探検』の中で流線型ロケットの設計図を示す
1919年	ソビエト連邦アカデミーの正会員に選ばれる
1935年	死去。78歳
1957年	生誕100年を記念したこの年に世界最初の人工衛星スプートニク1号が打ち上げられる

以後、独学で数学、科学を学習
ジュール・ヴェルヌの『月世界旅行』により拓かれた宇宙空間への道を模索し続ける

ツィオルコフスキーの公式

$$v_t = v_g \cdot \ln\left(\frac{m_0}{m_t}\right)$$

v_t：ロケットのt秒後の速度

v_g：噴射ガスの速度

m_0：ロケットの全重量

m_t：燃焼後の全重量

ロケットの速度がロケットの全重量と燃焼後の全重量の比、そして噴射ガスの速度によってより大きくなることを示す

関連項目

●ジュール・ヴェルヌ→No.039

No.042

ロバート・ハッチンス・ゴダード

Robert Hutchins Goddard

アメリカの宇宙ロケット開発をリードし続けたゴダード。だが当時のアメリカは、その業績の大きさと価値に気づくことはなかった。

●「近代ロケットの父」

アメリカにおけるロケット開発のパイオニア、ロバート・ハッチンス・ゴダードは、アメリカ北東部のマサチューセッツ州ウースターに生まれた。

H・G・ウェルズの『宇宙戦争』と**ジュール・ヴェルヌ**の『月世界旅行』をはじめとするSF小説に親しむことで宇宙への興味を育んだ彼は、ティーンエイジャーの半ばを過ぎるころにはロケット研究の道を歩み始めていた。

クラーク大学とプリンストン大学に学び、クラーク大学に物理学教授の職を得たゴダードは軍の資金援助を受けて液体燃料ロケットの研究に打ち込み、1926年3月16日、マサチューセッツ州のオーバーンにて歴史上初の液体燃料ロケット「ネル」の発射に成功する（飛行時間は2.5秒）。

ニューヨーク・タイムズ紙をはじめ、マスメディアによる批判を幾度も受けたため、ゴダードは個人主義的な研究者となり、その研究姿勢はたいへんに閉鎖的で他の研究者と成果を分かち合うことを頑として拒み、同時代のロシアでロケット研究を進めていた**ツィオルコフスキー**についても長らく知らないままだったという。1930年代になるとニューメキシコ州のロズウェルに仕事場を移し、チャールズ・リンドバーグとスミソニアン協会の支援のもと、砂漠で発射実験を行っていた。

1945年に死去。200を超えるロケット工学に関する特許の大半が、彼の死後に認可されている。液体燃料ロケットに関するゴダードの研究の一部は**ヴェルナー・フォン・ブラウン**に引き継がれ、1969年、**アポロ11号**と人類を月に送り込む原動力になったのである。アポロ11号の月面到達の前日、ゴダードの不倶戴天《ふぐたいてん》の仇敵《きゅうてき》であったニューヨーク・タイムズ紙は1920年1月13日版に掲載したゴダードの論文を否定する社説を全面撤回、49年に及ぶ確執に、白旗を掲げることで終止符を打ったのである。

発射実験の様子

1926年3月16日、ゴダードはマサチューセッツ州のオーバーンにて歴史上初の液体燃料ロケット「ネル」の発射に成功（飛行時間は2.5秒）

先端の筒状の部分が内燃室で、その下のノズルからガスが噴射される。液体燃料タンクは下部に見えるやや大き目の筒状のものである

◀提供：NASA

「近代ロケットの父」とマスメディアの確執

ゴダードの死後、アポロ11号の月面到達の前日にニューヨーク・タイムズ紙はゴダードの論文を否定する社説を全面撤回、49年に及ぶ確執に終止符を打っている

関連項目

●ジュール・ヴェルヌ→No.039
●コンスタンチン・E・ツィオルコフスキー→No.041
●ヴェルナー・フォン・ブラウン→No.046
●アポロ11号→No.055

No.043

ヘルマン・オーベルト

Hermann Oberth

著作によりドイツに一大ロケットブームを巻き起こし、ペーネミュンデやNASAでロケット開発に携わり続けた。

●フォン・ブラウンの師

ヘルマン・ユリウス・オーベルトは1894年6月25日、トランシルヴァニア地方のヘルマンシュタットに町医者の長男として生を享けた。**ジュール・ヴェルヌ**の『月世界旅行』を暗記するほど読んだ彼は、留学先のミュンヘン工科大学で専攻の医学ではなく数学と天文学に没頭した。

第一次世界大戦終結後、理科教師の資格を得るため再びドイツに留学した彼は、宇宙ロケットに関する研究を論文にまとめてミュンヘンの出版社から1923年にこれを自費出版。『惑星空間へのロケット』のタイトルを冠したこの本は3つの章に分かれており、ロケットの基本原理、多段式ロケットの設計、そしてロケットによって実現される宇宙旅行の可能性について説いている。オーベルトは出版前に帰国しなければならなかったが、ロケット、そして宇宙旅行というロマンチックな言葉が復興期にあるドイツ国民の心を捉え、彼の本は瞬く間にベストセラーになり、この本の熱心な読者の中には**ヴェルナー・フォン・ブラウン**という少年もいた。

ドイツの映画会社UFAも、『ドクトル・マブゼ』(1922)、『メトロポリス』(1927) などの作品で高い評価を受けていたフリッツ・ラングを監督に宇宙旅行テーマの映画『月世界の女』の制作を決定する。UFAに技術顧問として招聘《しょうへい》されたオーベルトは、面白さを第一とする制作側が科学的正確さに無関心なこと、ロケット開発をあまりにも簡単なものと考えていたことに失望を覚えつつも宣伝用ロケットの設計・開発に取り組むが、この仕事は理論家ではあっても技術者ではない彼の手に余り、未完成に終わっている。この時期にオーベルトは**宇宙旅行協会**の2代目会長に就任し、ヴェルナー・フォン・ブラウンと出会っている。フォン・ブラウンは彼を終生師と仰ぎ、後にペーネミュンデの研究所に彼を招いている。

ヘルマン・オーベルトのプロフィール

ルーマニア、トランシルヴァニア地方のヘルマンシュタットに生まれる

少年のころ、ジュール・ヴェルヌの『月世界旅行』を一字一句を諳んじるほどに読みひたった

↓

『惑星空間へのロケット』を自費出版

ベストセラーとなり多くの人々にロケット・宇宙旅行という言葉を知らしめた

↓

宇宙旅行協会の2代目会長に就任

このころ、ヴェルナー・フォン・ブラウンと出会う

↓

V2ロケットの開発にたずさわる

オーベルトを終生の師と仰ぐヴェルナー・フォン・ブラウンにペーネミュンデの研究所に招かれた

↓

アメリカ航空宇宙局（NASA）にてロケット研究を行う

第二次世界大戦後、ヴェルナー・フォン・ブラウンのもと研究を続けた

◆研究論文『惑星空間へのロケット』

1923年に自費出版された3章構成の研究論文

- ロケットの基本原理
- 多段式ロケットの設計
- 宇宙旅行の可能性

→ ロケット、そして宇宙旅行というロマンチックな言葉が復興期にあるドイツ国民の心を捉え、彼の本は瞬く間にベストセラーになった

ヴェルナー・フォン・ブラウンも熱心な読者であった

関連項目

●ジュール・ヴェルヌ→No.039
●宇宙旅行協会→No.045
●ヴェルナー・フォン・ブラウン→No.046

No.044

マンフェルド号

Manfred

ドイツ映画の巨匠フリッツ・ラング最後のサイレント映画に登場する月ロケット。ヘルマン・オーベルトがこの映画のためにロケットを製作した。

●史上初の月ロケット

ドイツ最大手の映画会社UFAの制作した空想科学映画『月世界の女』に登場する、ドイツで開発された史上初の月ロケット。監督は『メトロポリス』『ドクトル・マブゼ』などの作品を手がけたフリッツ・ラング。技術顧問として招かれた**ヘルマン・オーベルト**が設計した宣伝用ロケットとは異なり、ずんぐりした砲弾のような形状をしているのは**ジュール・ヴェルヌ**の『月世界旅行』に着想を得たものと思われる。

天文学会においてロケットによる月世界旅行と月面に隠された金鉱について説いた老教授ゲオルグ・マンフェルドと、彼の情熱に共鳴する青年飛行士ヴォルフ・ヘリウス。金鉱に目のくらんだシカゴの実業家ターナーらの思惑が絡み、ついに打ち上げられて秒間1万1,200ｍの飛行速度で月を目指すマンフェルド号には、彼らに加えてヘリウスの想い人である女性天文学者フリーデ・ヴェルテンとその婚約者である機関士ハンス・ウェンディゲルのほかに、冒険好きの少年グスタフが密かに乗り込んでいた。

金鉱を前に欲に目がくらみ、不慮の事故による酸素不足がもたらした地球帰還の危機を前に理性を失い、次々と本性を現す登場人物たち。浅ましい人々の姿を前に独り月面に残ることを決意するヘリウス。ロケットが星空の彼方に消えた後、月面に残ったテントへと帰る彼が見たものは……。

発射後の8分間に乗員が昏睡状態になったり、月世界に空気があったりと、科学的な考証はないに等しいこの作品だが、ロケットやスペースシャトルが発射される際のカウントダウンはこの映画に始まった伝統であり、オーベルトを師と仰ぐ**ヴェルナー・フォン・ブラウン**の意向によるものである。なお、ペーネミュンデにおいて最初に打ち上げられた**V2ロケット**には、『月世界の女』のロゴがペイントされていた。

マンフェルド号

映画本編のマンフェルド号。砲弾のような形をしているのはジュール・ヴェルヌの『月世界旅行』に着想を得たデザインと思われる

ドイツで開発された史上初の月ロケット

ヘルマン・オーベルトが技術顧問を務め、『メトロポリス』『ドクトル・マブゼ』などの作品を手がけたフリッツ・ラング監督の空想科学映画『月世界の女』に登場

▼

ロケットやスペースシャトルが発射される際のカウントダウンはこの映画に始まった伝統

▼

映画での乗員は、密航者を含めて6名
ゲオルグ・マンフェルド
青年飛行士：ヴォルフ・ヘリウス
シカゴの実業家：ターナー
女性天文学者：フリーデ・ヴェルテン
機関士：ハンス・ウェンディゲル
冒険好きの少年：グスタフ（密航者）

天文学会においてロケットによる月世界旅行と月面に隠された金鉱について説いた老教授

関連項目
●ヘルマン・オーベルト→No.043
●ジュール・ヴェルヌ→No.039
●ヴェルナー・フォン・ブラウン→No.046
●V2ロケット→No.047

No.045

宇宙旅行協会

Verein für Raumfahrt

敗戦によるドン底からドイツ経済が復興しつつあった1920年代、宇宙旅行に思いをはせる人々が集まり、ある団体が産声を上げげた。

●宇宙への夢、ロケットの開発

1920年代、世界各国において同時多発的にロケット・ブームが盛り上がっていた。ドイツにおいてこのブームの最中、オペル自動車会社と協力してロケット自動車による地上実験を行っていたマックス・ファリアーの提案により、ユンカース社との協力下でロケットの実験を行っていたヨハネス・ヴィンクラー、宇宙旅行に関する講演・著述活動を精力的に行っていたヴィリー・ライを含む3名が発起人となって宇宙旅行を夢見る人々の財団法人が結成された。1927年7月5日、ブレスラウ（現在はポーランド領のヴロツワフ）にて開催された初会合で「宇宙旅行協会」という団体名が採択され、ヴィンクラーが会長に就任する。団体名の頭文字を並べた「VfR」の愛称で呼ばれるこの団体は、ヴィンクラーが編集長を務めた機関誌“Die Rakete”が人気を集め、1920年代末期には1,000人近くの会員がいた。1928年秋には**ヘルマン・オーベルト**がVfRの2代目会長に就任するが、翌年に機関誌が休刊したことで会員数は徐々に減り始める。世界恐慌を目前にしたこのころに加入した**ヴェルナー・フォン・ブラウン**やロルフ・エンゲルら若い技術者たちと、オーベルトの助手であり、会をマネージメントの面で支えたルドルフ・ネーベルによって、1930年代に入ると独自のロケット実験を行えるようになった。1932年、小型ロケットの発射実験を行っていたVfRのもとに、ドイツ陸軍のカルル・E・ベッカー大佐博士が視察に訪れ、彼の勧めに応じたフォン・ブラウンら一部のVfRメンバーは陸軍兵器局兵器実験部の民間職員となる。なお、この時に独自路線を選択したロルフ・エンゲルは後にSS（ナチス親衛隊）のラインハルト・トリスタン・オイゲン・ハイドリヒの配下に入り、SS長官ハインリヒ・ヒムラーがフォン・ブラウンらのロケット兵器開発に注目するきっかけとなった。

宇宙旅行協会とは

1927年に結成された宇宙旅行を夢見る人々の財団法人

発起人	マックス・ファリアー ロケット自動車による実験を行っていた提案者
	ヨハネス・ヴィンクラー ロケットの実験を行っていた
	ヴィリー・ライ 宇宙旅行に関する講演・著述活動を精力的に行っていた

目的	・宇宙旅行の実現
	・ロケットの開発

活動	・機関誌“Die Rakete”の発行（編集長はヨハネス・ヴィンクラー）
	・宇宙旅行に必要なロケット開発と実験

宇宙旅行協会の足跡

発足時	•初代会長：ヨハネス・ヴィンクラー
	•機関誌“Die Rakete”の人気もあり順調に会員を伸ばす（1920年代末に約1,000人）

↓

世界大恐慌時	•2代目会長：ヘルマン・オーベルト
	•機関誌の休刊もあり会員数が激減
	•ヴェルナー・フォン・ブラウンやロルフ・エンゲルら若い技術者たちの参加により、独自のロケット実験を続ける

↓

軍に注目される	•宇宙旅行協会は解散（1934）
	•フォン・ブラウンら一部のメンバーは陸軍兵器局兵器実験部の民間職員となり、協会解散後もロケット開発を続ける
	•ロルフ・エンゲルが後にSS（ナチス親衛隊）の配下に入り、SS長官ハインリヒ・ヒムラーがロケット開発に注目する

関連項目
●ヘルマン・オーベルト→No.043
●ヴェルナー・フォン・ブラウン→No.046

No.046

ヴェルナー・フォン・ブラウン

Wernher von Braun

人間を月へと運ぶ夢。少年のころに抱いた夢のためナチス・ドイツにおいてロケット兵器を開発した青年は、アポロ計画を成功へと導いた。

●永遠のロケットボーイ

フルネームはヴェルナー・マグヌス・マキシミリアン・フォン・ブラウン。ブラウン男爵家の次男として、1912年3月23日にボーゼン地方のヴィルジッツに生を享《う》けた。1920年代のロケット・ブームの最中、手押し車にロケット花火を積んで街中を爆走させたのは10歳のころ。父マグヌスに自宅謹慎を命じられるも3日後には家を抜け出してロケット花火の実験を再開したが、自宅にいる間は**ジュール・ヴェルヌ**やH・G・ウェルズのSF小説に熱中した。14歳の誕生日に母エミーが買い与えた天体望遠鏡もヴェルナーに大きな影響を与えたが、最終的にすべてを結びつけたのは**ヘルマン・オーベルト**の『惑星空間へのロケット』だった。死に物狂いで苦手な数学を勉強し、シャルロッテンブルク工科大学に進学すると、1930年ころにオーベルトが会長を務める**宇宙旅行協会**に参加し、敬愛する師が帰国した後も液体燃料ロケットの発射実験を行った。1932年、陸軍兵器局でロケット兵器の研究開発を推進していたカルル・E・ベッカー大佐博士の誘いで同局兵器実験部の民間人職員となったヴェルナーは、ヴァルター・R・ドルンベルガーとともにロケット開発を指導。1942年3月にはペーネミュンデ陸軍兵器実験場において長距離弾道飛行を可能とするA4ロケット（**V2ロケット**）の発射実験に成功した。第二次世界大戦終結後、500人のスタッフおよび資料とともにアメリカ軍に投降。V2ロケットと部品のほとんどがアメリカ軍に接収されるが、残りのスタッフはソ連軍の捕虜となった。アメリカに移されたヴェルナーたちは研究を続行し、NASAのマーシャル宇宙飛行センターでサターン・ロケットの開発や**アポロ計画**を推進した。1972年に方針などの違いからNASAを辞職。アメリカ宇宙協会を創立するなど1977年6月に癌により死去するまで宇宙への道を歩み続けた。

ヴェルナー・フォン・ブラウンとロケット開発

子供時代に熱中

- プレゼントされた天体望遠鏡で宇宙への興味をもつ
- 1920年代のロケット・ブーム
- ジュール・ヴェルヌやH・G・ウェルズのSF小説に熱中
- ヘルマン・オーベルトの著作に触れる

ロケット花火を使った数々の発明（幼少時）

宇宙旅行協会に参加

- シャルロッテンブルク工科大学に進学
- 液体燃料ロケットの発射実験を行う

本格的なロケット開発（1930年代）

ドイツ陸軍でロケット開発を指導

- V2ロケットの開発に成功
- 第二次世界大戦終結後、500人のスタッフおよび資料とともにアメリカ合衆国に投降

ナチス・ドイツでの開発（1932～1945）

アメリカ航空宇宙局での開発

- サターン・ロケットの開発
- アポロ計画の推進
- アメリカ航空宇宙局を辞職しアメリカ宇宙協会を創立

アメリカでの開発（1945～1972）

フォン・ブラウンとナチス政権のかかわり

記録によれば、フォン・ブラウンは1937年11月にNSDAP《ナチス》に入党し、1940年5月にSS（ナチス親衛隊）に入隊。入隊時の階級は少尉で、1943年6月に少佐になっている。彼自身、政治的な事情と説明しているが（ペーネミュンデにおけるロケット兵器開発はSSに目をつけられており、フォン・ブラウンらはサボタージュ容疑でGESTAPO《ゲシュタポ》（国家秘密警察）に逮捕されたことがある）、V2ロケット生産のために必要な労働力に強制収容所の囚人を用いるため、自身が強制収容所に足を運んで選別にあたったという疑惑が存在する。

関連項目

●ジュール・ヴェルヌ→No.039
●ヘルマン・オーベルト→No.043
●宇宙旅行協会→No.045
●V2ロケット→No.047
●アポロ計画→No.026

No.047

V2ロケット

Vergeltungswaffe 2

V2ロケットの成功は宇宙ロケットの誕生と同義であった。だが、人類の手にした最初のロケットの行き先はあこがれの宇宙ではなかった。

●ドイツ第三帝国の超兵器

1918年11月11日、敗戦国となったドイツは、ヴェルサイユ条約の軍備制限条項のもと、解体された軍の再建を始めていた。3インチ以上の口径を有する火砲の保有制限もそうした制限のひとつであり、列車砲に代表される数々の巨大砲もすべて廃棄されるか、戦勝国に接収されてしまった。

こうした中、ドイツ陸軍兵器局のカルル・E・ベッカー大佐博士を首班とする砲兵科出身の将校たちが、制限を受けないロケット兵器の開発に目を向け、ヴァルター・ドルンベルガー大尉らは1930年に建設されたクンメルスドルフ・ヴェストの実験場でロケットの実験を開始した。

1932年、ドイツ国内の研究家たちが集う財団法人、**宇宙旅行協会**の視察に赴いたベッカーは**ヴェルナー・フォン・ブラウン**という青年を陸軍兵器局兵器実験部の民間人職員として雇用する。フォン・ブラウンを含む技術者たちは、1934年に液体燃料を用いたA2ロケットの飛行実験に成功。1936年にはバルト海沿岸の島に建設されたペーネミュンデ陸軍兵器実験場へと拠点を移し、A3ロケット、A4ロケットの実験を進めた。このA4ロケットが、第三帝国政府によって「報復兵器2号（V2）」の名を与えられるミサイルである。全長14m、直径1.7m。エタノールと水の混合燃料を燃料とし、1tの弾頭積載時の射程距離はおよそ300km。目標へと飛行するために初歩的なコンピュータを搭載していたが、後に誘導電波が用いられるようになった。当初、計画に否定的であったアドルフ・ヒトラー総統は完成したV2ロケットを見て賞賛し、戦局を覆す戦略兵器としてこれを運用しようとしたが、時すでに遅く、ドイツ軍にはそれだけの余力が残っていなかった。V2ロケットは米ソの争奪戦の対象となり、フィクション、ノンフィクションに格好の材料を提供している。

V2ロケットの投入

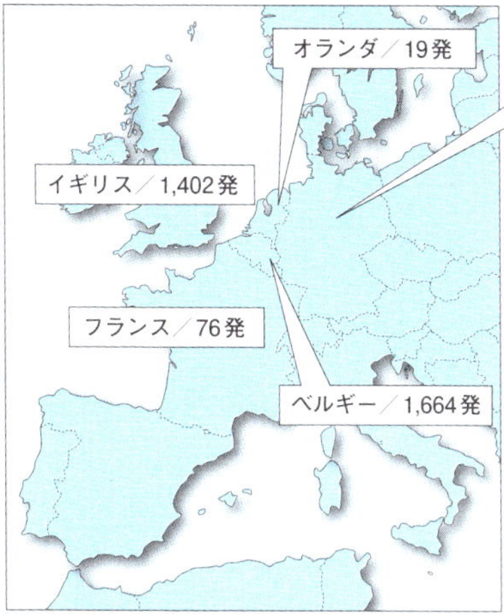

1942年	A4ロケット打ち上げに成功
1944年	・A4ロケットによる初のパリ・ロンドンへの攻撃 ↓ V2ロケットによる被害（推定） 犠牲者：13,000人 破壊された建築物：34,000戸
	・A4ロケットは第三帝国政府によって報復兵器2号（V2）の名を与えられ翌1945年まで使用される

V2ロケットの概要

- 目標へと飛行するために初歩的なコンピュータを搭載していたが、後に誘導電波が用いられるようになった
- 第二次世界大戦末期の登場から終戦までの7か月間で、3,172発のV2ロケットが使用されている

V2ロケット（A4ロケット）のスペック	
全長	14m
直径	1.7m
重量	12t
燃料	エタノールと水の混合燃料
積載量	1tの弾頭
射程距離	およそ290～340km

関連項目

●宇宙旅行協会→No.045
●ヴェルナー・フォン・ブラウン→No.046

No.048

チャック・イェーガー

Chuck Yeager

エースパイロットとして第二次世界大戦を生き抜き、妻の愛称をつけた機体で音速をめぐる戦いに終止符を打った生涯現役の飛行機乗り。

●アメリカン・ヒーロー

第二次世界大戦中にドイツ空軍のジェット戦闘機「メッサーシュミットMe262」を含む11機を撃墜しエースパイロットの称号を獲得し、1947年10月14日に人類史上初めて水平飛行で音速を突破したチャック・イェーガーは、1923年2月13日、ウェストバージニア州に生まれている。

本名はチャールズ・エルウッド・イェーガー。1939年に飛行機の整備士としてアメリカ陸軍に入隊、1942年にパイロット試験に通った彼は2年後に戦闘機パイロットとしてイギリスに派遣された。戦後はNASA（アメリカ航空宇宙局）の前身であるNACA（航空諮問委員会）に派遣され、ロケット飛行機「ベルXS-1（X-1）」を用いた飛行計画にテストパイロットとして従事。妻の名前を愛称につけたXS-1“グラマラス・グレニス”に乗り、水平飛行で最初に音速の壁を突破した人間となる。その後も速度記録を塗り替え続け、1962年に米空軍とNASAのパイロット養成学校の校長に就任。アラン・シェパードやジョン・グレンら、**マーキュリー計画**に参加した宇宙飛行士たちにアドバイスを行う。トム・ウルフが1972年に小説『ライト・スタッフ』で描いた虚実ないまぜになった物語は宇宙飛行士たちよりもむしろイェーガーを主人公にしており、1983年にフィリップ・カウフマンの監督で映画化されている（イェーガー役はサム・シェパード）。

ベトナム戦争が勃発《ぼっぱつ》すると米空軍第405戦闘飛行隊の司令官として再び前線に赴き、その後も幾つかの勤務地で奉職した後、1975年に退官したが、テストパイロットとパイロット育成の仕事は続けている。最終階級は少将。

70歳を超えてなお音速飛行機の現役パイロットであり続け、1997年に開かれた「音速突破50周年記念パーティ」ではマクドネル・ダグラス社（現ボーイング社）の「F-15Dイーグル」を駆って音速を突破してみせた。

チャック・イェーガーの足跡

1923年	アメリカのウェストバージニア州に生まれる
1939年	飛行機の整備士としてアメリカ陸軍に入隊
1942年	パイロット試験に合格
1944年	戦闘機パイロットとしてイギリスに派遣される
1947年	ロケット飛行機ベルXS-1（X-1）を用いた高速飛行計画にテストパイロットとして従事、水平飛行で最初に音速の壁を突破した人間となった
1962年	米空軍とNASAのパイロット養成学校の校長に就任
1966年	ベトナム戦争勃発、米空軍第405戦闘飛行隊司令官として再び前線に赴く
1975年	軍を退官
1983年	ドキュメンタリー小説『ライト・スタッフ』が映画化されアドバイザーとして参加
1995年	音速突破50周年記念パーティでF-15Dイーグルを駆って音速を突破してみせる

空に生きた男

前半生

●第二次世界大戦時
　ドイツ空軍のジェット戦闘機メッサーシュミットMe262を含む11機を撃墜してエースパイロットの称号を獲得

後半生

●テストパイロット
・人類史上初めて水平飛行で音速を突破
・退官後もテストパイロットであり、パイロット育成に尽力

●パイロット養成学校校長
　アラン・シェパードやジョン・グレンら、マーキュリー計画に参加した宇宙飛行士たちに数々のアドバイスを行う

関連項目

●マーキュリー計画→No.024

X-15

X-15

現在も破られていない数々の航空機記録を保持する超音速ロケット機。X-1とともに、もっとも有名な「Xシリーズ」機だ。

●事実上は世界初の再利用型宇宙船

「X-15」の開発計画が正式に始まったのは1954年のことだった。目標はマッハ7での有人飛行。機体の製造を担当したのは当時のノース・アメリカン社（現在はボーイング社の子会社「ボーイング・ノース・アメリカン社」）である。X-15は自力で離陸する能力をもたない飛行機として設計されていた。大型飛行機につり下げられて運ばれ、上空で切り離されてからロケット・エンジンに点火して飛ぶ仕組みである。

1号機が登場したのは1959年。全部で3機が製作され、1968年10月24日の最終飛行までに通算199回の飛行を行った。この間、最高速度マッハ6.7での飛行、そしてマッハ5以上での通算90分に及ぶ飛行など、現在も破られていない偉大な記録を打ち立てている。

さらにX-15は、アメリカ空軍が宇宙空間と認定する高度80㎞に達する飛行を13回も成功させている（最高で107.96㎞に到達）。この高度は、初期の宇宙船が弾道飛行で到達していた高度とほぼ同じだ。ある意味で、X-15は再利用型宇宙船の先駆けだったともいえるのである。

実際、音速をはるかに超える速度で超高空を飛行し、地上に着陸するという実験の繰り返しで蓄積されたノウハウやデータは、**スペースシャトル**のオービタを設計する際に貴重な資料として活かされた。また、操縦士たちが着用した与圧式パイロット服の技術は、**マーキュリー計画**用の宇宙服に活用されている。与圧とは、超高度などの気圧が低い場所で人体を保護するため、気圧を人工的に調整する技術だ。

X-15の操縦を担当したテストパイロットは合計で12人。後に**アポロ11号**の船長として月面に立ったニール・アームストロングも、その中の1人だった。

X-15

X-15のスペック	
最高速度	時速7,274km（マッハ6.85）
航続距離	450km
最高高度	108km
操縦士	1名
長さ	15.45m
翼長	6.8m
高さ	4.12m

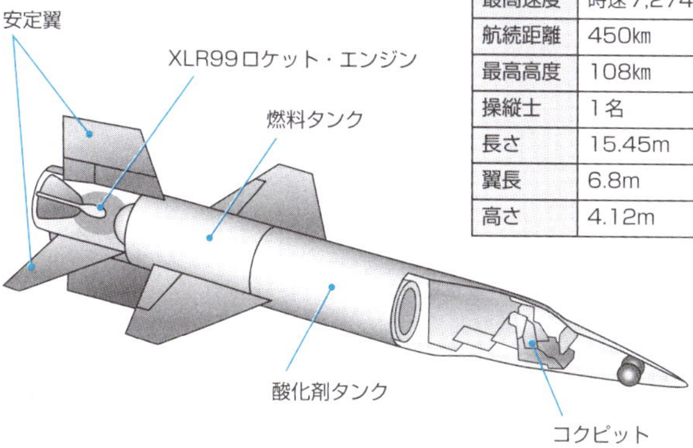
安定翼
XLR99ロケット・エンジン
燃料タンク
酸化剤タンク
コクピット

X-15の弾道飛行パターン

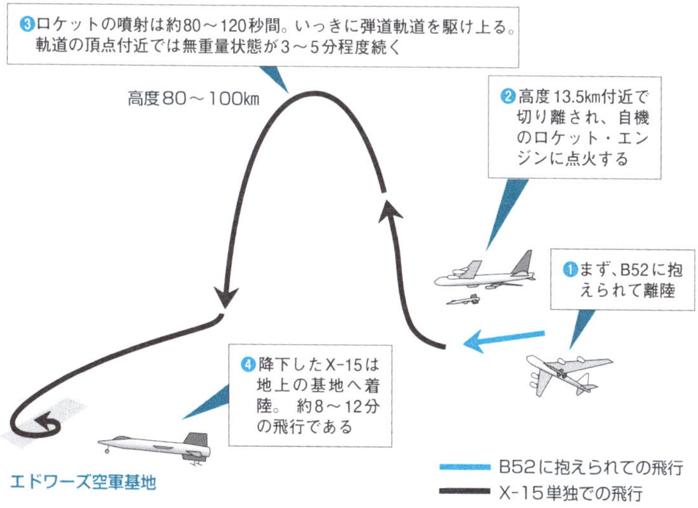
❸ロケットの噴射は約80～120秒間。いっきに弾道軌道を駆け上る。軌道の頂点付近では無重量状態が3～5分程度続く
高度80～100km
❷高度13.5km付近で切り離され、自機のロケット・エンジンに点火する
❶まず、B52に抱えられて離陸
❹降下したX-15は地上の基地へ着陸。約8～12分の飛行である
エドワーズ空軍基地
B52に抱えられての飛行
X-15単独での飛行

関連項目

●Xシリーズ計画→No.027
●スペースシャトル計画→No.028
●マーキュリー計画→No.024
●アポロ11号→No.055

No.050

X-20 ダイナソア

X-20 Dyna-Soar

大気圏上空を飛んで敵地へ向かう宇宙爆撃機として開発が進められていたが、長距離ミサイルの実用化などに伴って計画中止。

●スペースシャトルの先駆けとなるはずだったユニークな爆撃機

「X-20ダイナソア」は、**Xシリーズ**に名を連ねる1人乗りの爆撃機である。計画は1957年に始まった。原型となったアイディアは、第二次世界大戦中にオーストリア・ハンガリーのオイゲン・ゼンガーが提案した爆撃機「シルバー・フォーゲル」。ロケットで打ち上げられた爆撃機を、大気圏の表面で緩やかにバウンドを繰り返すようにコントロールすることで、敵地上空へ長距離飛行をしようというものだった。この飛行方法を、ゼンガーはダイナミック・ソアリング（Dynamic Soaring）と呼んでおり、そのことばを縮めたものが、計画名にも使われている「ダイナソア」である。

ところが、「X-20ダイナソア」自体はダイナミック・ソアリングを採用していなかった。大気圏上でバウンドするたびに機体が大気との摩擦熱で非常な高温にさらされるため、対策がたいへんだったらしい。実際は、打ち上げロケットで地上約150kmまで上昇し、徐々に下降しながら爆撃地点へ飛行。爆弾投下後、自国の基地へ帰還する予定になっていた。

ところが、製造メーカーとの具体的な契約が交わされ、1961年には実物大模型が製作される段階まで進みながら、1963年になって計画は中止の憂き目に遭ってしまう。開発期間中に、はるか遠くを攻撃できるICBM（大陸間弾道ミサイル）が実戦配備されるなどして、計画にかかるコストが開発成果に見合うものとなるか疑問視されたのだ。実機が飛ぶことはなかったが、「X-20ダイナソア」は後の**スペースシャトル**へと通じる特徴を備えていた。特に、「宇宙飛行をした後、地上の滑走路へ帰還できる仕組み」は非常に有用な技術となる可能性を秘めていた。それまでの宇宙船のように海上などへ着水する方法は、回収のために多くの艦船が待機しなくてはならず、たいへんな手間とコストがかかっていたからだ。

「X-20ダイナソア」の機体図

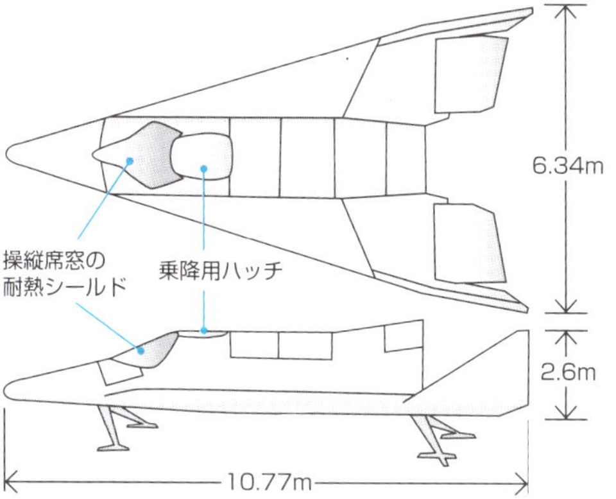

原型となるアイディアでは、ロケットのペイロードとして打ち上げられた後に大気圏の表面で緩やかにバウンドを繰り返す飛行方法（ダイナミック・ソアリング）で敵地上空へ長距離飛行をすることになっていた。しかし、大気圏上でバウンドするたびに機体がさらされる高温への対策が難しいため、実際には単に地球周回軌道を飛ぶ飛行方法がとられる予定になっていた

「X-20ダイナソア」の特徴と開発の流れ

ダイナソア
＝
ダイナミック・ソアリング

ダイナミック・ソアリングの概念

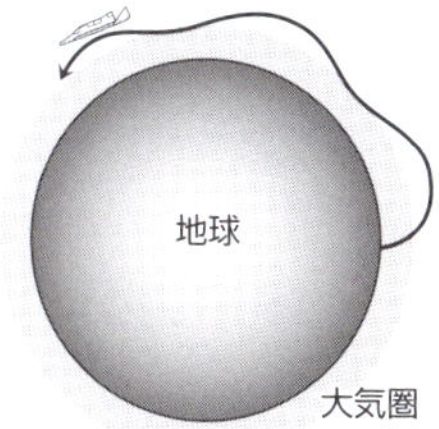

1957年

計画開始
→Xシリーズに名を連ねる1人乗りの爆撃機

「X-20ダイナソア」自体はダイナミック・ソアリングを採用していない → 打ち上げロケットの力を借りて地上約150㎞まで上昇し、徐々に下降しながら目的地へ飛行。偵察や爆撃などの任務終了後、自国の基地へ帰還する

宇宙飛行をした後、地上の滑走路へ着陸できる仕組み → 後のスペースシャトル・オービタで実用化

1961年

実物大模型が製作される

1963年

計画にかかるコスト問題や長距離ミサイルの実用化などに伴い計画中止

関連項目

●Xシリーズ計画→No.027
●スペースシャトル計画→No.028

No.051

ヴォストーク１号

Vostok 1

1961年に世界初の有人飛行を成し遂げたソ連の宇宙船。宇宙飛行士ユーリ・ガガーリンは地球上空を１周し、見事に生還を果たした。

●地球は青かった

1961年4月12日6時7分、世界初の有人宇宙船となる「ヴォストーク1号」がソ連から打ち上げられた。打ち上げに使われたのは、液体酸素とケロシン燃料を利用するヴォストーク8K72Kロケット。乗船定員1名の宇宙船にはユーリ・ガガーリン中尉（この飛行任務中に少佐へ昇進）が乗り組んでいた。宇宙船は、彼が乗る降下船、および各種機材や逆噴射ロケットが搭載された機械船を連結した構成で、船内の装置と地上からのリモート・コントロールにより、自動操縦状態で飛行する仕組みになっていた。

順調な飛行で地球上空をほぼ1周した4月12日7時25分、逆噴射ロケットが自動的に点火した。逆噴射の終了後は、機械船を自動的に切り離して投棄。降下船だけが着地点を目指すのである。しかし、そこで重大なトラブルが発生した。切り離しがうまくいかず、降下船と機械船が中途半端につながった状態で降下し始めたのだ。そのままでは速度が出すぎて、降下船が大気との摩擦熱に耐えられなくなる可能性が高かった。

ところが、任務の成功を信じるガガーリンの思いが通じたのか、きわどいところで機械船が分離。彼は予定どおりに高度約7㎞のところで降下船から座席とともに射出され、パラシュートで地上へ降り立つことができた。打ち上げの108分後。宇宙空間から人間が生還を果たした史上初めての瞬間だった。「地球は青かった」は、その後の記者会見でガガーリンが残した名言である。彼は世界的な有名人となり、各国を親善訪問して大歓迎を受けた。ソ連国内でも、重要人物として危険な任務から遠ざけられる立場になっていたのだが、悲劇は突然起きた。34歳になったばかりの1968年3月、飛行訓練中のミグ15戦闘機が墜落。ガガーリンは、同乗していたインストラクターとともに帰らぬ人となってしまったのだった。

ヴォストーク1号の飛行コース概要

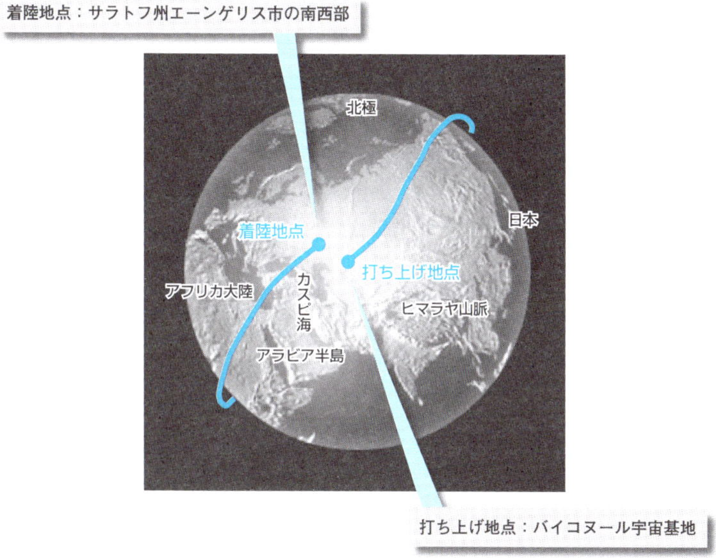

ヴォストーク1号の飛行任務データ			
飛行任務名	ヴォストーク1	地上帰還日時	1961年4月12日7時55分
コールサイン	Кедр（ヒマラヤスギ）	飛行時間	1時間48分
乗員	1名	軌道周回数	1
宇宙飛行士名	ユーリ・ガガーリン	遠地点	315km
打ち上げ日時	1961年4月12日6時7分	近地点	169km

地上帰還の裏話

国際航空連盟は、公式な有人宇宙飛行記録の条件として、宇宙飛行士が宇宙船に乗った状態で着地（または着水）すること、という一項目を規定していた。「ヴォストーク1号」がこの条件を満たさないことを隠すため、1961年当時のソ連による発表では、ガガーリンが降下船に乗ったままで地上に着地し、しかも降下船の乗降用ハッチを自分で開けて地上に降り立ったことになっていた。

関連項目
●ヴォストーク計画→No.029

No.052

フレンドシップ7

Friendship 7

マーキュリー計画における3番目の有人宇宙船。アメリカ初の有人地球周回軌道飛行を成功させた。

●地球を3周して緊急着水

「フレンドシップ7」は、1962年2月20日にケープ・カナベラルからアトラス・ロケットで打ち上げられ、地球上空（近地点159km、遠地点256km）の周回軌道を3周し、約4時間55分後に大西洋へ着水。宇宙飛行士ジョン・グレンは、アメリカで初めて軌道周回飛行を果たした宇宙飛行士になった。

それ以前の「フリーダム7」や「リバティ・ベル7」による宇宙飛行が、ロケットで打ち上げられて最高高度に達したら、そのまま落下して海上に着水するというシンプルな弾道飛行だったことを考えると、**マーキュリー計画**は新たな局面へ大きな一歩を踏み出すことに成功したといえるだろう。

とはいえ、フレンドシップ7の飛行はグレンにとって決して楽なものではなかった。飛行中にいくつものトラブルに見舞われたからである。ひとつは宇宙服内の温度上昇と船内の湿度上昇。グレンは暑さに耐えながら、注意深く両者のバランスを調整し続けなければならなかった。また、船体の姿勢を調節する自動制御システムへの燃料供給率が低下したため、燃料を節約しつつ、手動で船体をコントロールする必要があった。

もっとも重大だったのは、大気圏再突入用の熱シールドと逆噴射ロケットが、船体底面の所定位置に固定されていないとセンサーが感知していたことだ。それが本当ならば、熱シールドの脱落を食い止めているのは、逆噴射ロケットの固定用ストラップ3本だけということになる。結局、フレンドシップ7は予定を早めて軌道飛行を3周で切り上げることになった。本来なら宇宙空間で投棄するはずの逆噴射ロケットを切り離さずに大気圏へ再突入。予定されていた地点から約60km手前の海上へ無事に着水した。後の調査で、熱シールドと逆噴射ロケットのどちらにも問題はなく、センサーの誤作動は部品の不良によるものだったことが判明した。

フレンドシップ7の飛行軌道

アメリカ初の有人周回軌道飛行に成功

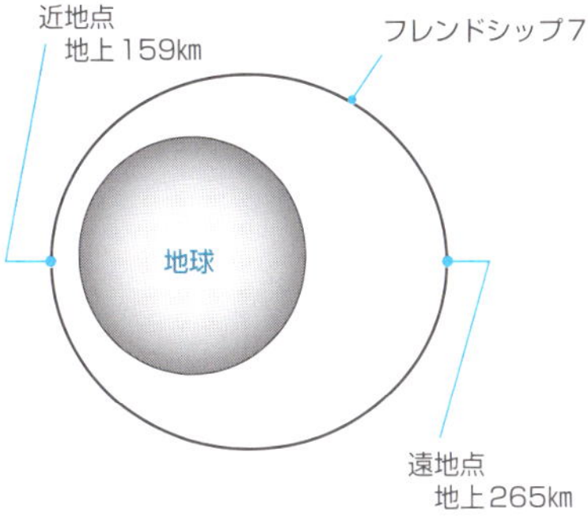

フレンドシップ7の飛行任務データ	
飛行任務名	マーキュリー MA-6
コールサイン	フレンドシップ 7
乗員	1名
宇宙飛行士名	ジョン・グレン
打ち上げ日時	1962年2月20日14時47分
地上帰還日時	1962年2月20日19時43分
飛行時間	4時間55分23秒
軌道周回数	3
飛行距離	121,794km

フレンドシップ7のトラブル

- 宇宙服内の温度上昇と船内の湿度上昇 → 両者のバランスを調整し続ける
- 自動制御システムへの燃料供給率が低下 → 手動で船体をコントロール
- センサーの誤作動 → 予定を切り上げて帰還

マーキュリー宇宙船の外観

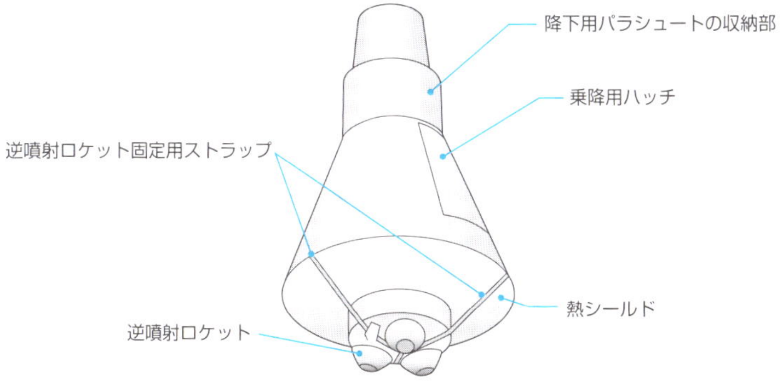

関連項目

●マーキュリー計画→No.024

No.053

ヴォストーク6号

Vostok 6

ヴォストーク計画における最後の宇宙船。乗り組んでいたのは、世界初の女性宇宙飛行士であるテレシコワだった。

●わたしはカモメ

1963年6月16日、ヴォストーク6号がソ連のバイコヌール宇宙基地から打ち上げられた。2日前の14日に打ち上げられていた5号と編隊飛行を行うことが大きな目的だった。ヴォストーク宇宙船には自力で飛行軌道を変える機能がない。したがって、編隊飛行を成功させるには、2機の宇宙船を続けざまに打ち上げ、それぞれの宇宙船を正確な軌道に乗せる技術が必須となる。5号と6号は約4kmの距離に接近する編隊飛行に成功。見事にやってのけたソ連は、技術力の高さを見せつけた。

しかし、その業績がかすむほど世界的に大きな話題となったのは、6号に乗り組んでいた世界初の女性宇宙飛行士ワレンチナ・テレシコワ（当時26歳）のことだった。1962年、女性宇宙飛行士の最終候補者5人に残り、訓練と教育を受けていたテレシコワは、正式な宇宙飛行士にただ1人選ばれたのである。彼女は軍人ではない史上初の宇宙飛行士でもあった。

ヴォストーク6号には「カモメ（ロシア語でチャイカ）」というコールサインが割り当てられていた。地上との交信でテレシコワが発した「ヤー、チャイカ（こちらはカモメ）」というフレーズは、「私はカモメ」と直訳され、当時の日本でも流行語になった。ヴォストーク6号は周回軌道を48周して帰還。打ち上げから70時間50分後のことだった。今に至るも、1人で宇宙を飛んで帰還を果たした女性は、このときのテレシコワだけである。

任務は無事に終えたものの、飛行中のテレシコワは宇宙酔いによる不快な症状に悩まされ、精神状態も不安定だったらしい。この件が女性宇宙飛行士の採用に二の足を踏ませる遠因となったのか、残る4人の女性宇宙飛行士候補たちは宇宙を飛ぶ機会に恵まれなかった。ソ連の女性宇宙飛行士が次に宇宙飛行をするのは1982年。実に19年後のことである。

女性宇宙飛行士の誕生

約400人の女性を対象にした宇宙飛行士候補の選抜

▼

1962年2月	5人の女性宇宙飛行士候補が決定

▼

1963年2月	テレシコワがヴォストーク6号の宇宙飛行士に決定

▼

1963年6月	ヴォストーク6号打ち上げ

テレシコワは女性として史上初の宇宙飛行に成功

ヴォストーク6号の飛行任務データ			
飛行任務名	ヴォストーク6	地上帰還日時	1963年6月19日8時20分
コールサイン	Чайка(カモメ)	飛行時間	70時間50分
乗員	1名	軌道周回数	48
宇宙飛行士名	ワレンチナ・テレシコワ	遠地点	166km
打ち上げ日時	1963年6月16日9時29分	近地点	165km

宇宙に行った女性たち

氏名	国籍	初飛行年	説明
ワレンチナ・テレシコワ	ソ連	1963年	ヴォストーク6号に搭乗した史上初の女性宇宙飛行士
スベトラーナ・サビツカヤ	ソ連	1982年	1984年に女性として史上初の船外活動を経験
サリー・ライド	アメリカ	1983年	スペースシャトル初の女性ミッション・スペシャリスト
キャサリン・D・サリバン	アメリカ	1984年	スペースシャトルでアメリカ人女性として初の船外活動
クリスタ・マコーリフ	アメリカ	1986年	スペースシャトル「チャレンジャー」の事故で死亡
ヘレン・シャーマン	イギリス	1991年	米ソ出身者以外としては初の女性宇宙飛行士
向井千秋	日本	1994年	初の日本人女性宇宙飛行士。スペースシャトル初の日本人女性ミッション・スペシャリスト
アイリーン・コリンズ	アメリカ	1995年	女性として初のスペースシャトル・パイロット。1997年に初の女性船長となる
クラウディエ・ハイネル	フランス	1996年	2002年にヨーロッパ人女性として初めて国際宇宙ステーションを訪問
アニューシャ・アンサリ	アメリカ	2006年	女性初の宇宙観光旅行者。ソユーズ宇宙船で国際宇宙ステーションを訪問

関連項目

●ヴォストーク計画→No.029

No.054

アポロ1号

Apollo 1

アポロ計画における初の有人飛行となるはずだったが、打ち上げ前の訓練中に火災事故が発生。3人の飛行士が命を落としてしまった。

●かなわなかった宇宙飛行

1967年1月27日、アメリカのケネディ宇宙センターで、アポロ宇宙船の司令船内部に火災が発生した。訓練のために乗り組んでいた3名の宇宙飛行士は脱出できず、煙による一酸化炭素中毒で全員が死亡する痛ましい事故になってしまった。亡くなったのは、**マーキュリー計画**や**ジェミニ計画**でも宇宙飛行経験があったバージル・グリソム。そしてエドワード・ホワイトとロジャー・チャフィーだった。彼らは約1か月後の2月21日に、**アポロ計画**では初となる有人宇宙飛行をするはずだった。しかし、この事故により予定は取り消され、事故原因の究明が行われた。

火元は司令船内の電気配線だった。配線から生じた火花が船内の可燃物に燃え移ったのだ。実際の宇宙飛行時を想定して、船内が純粋な酸素で満たされていたことも火の回りを速めた。

重ねて不運なことに、司令船の乗降用ハッチは緊急時に素早く開けられる仕組みではなかった。ハッチの扉は内開きで、しかもボルトで固定するタイプだった。火災発生時は船内の気圧が上がり、扉は外側に向けて強い圧力で押しつけられていた。仮にボルトを外せたとしても、船内を減圧してからでなければ、内開きの扉を開けることはほとんど不可能だった。

アポロ計画には大幅な遅れが生じることになったものの、この事故を重い経験として、以後のアポロ司令船にはさまざまな改良が加えられた。

当初、亡くなった3人が挑むはずだった飛行任務名は「AS-204（アポロ／サターン204）」と呼ばれるはずだった。しかし、後にNASAは正式名称を「アポロ1号」に決定した。これは、亡くなった3人がなし得なかったアポロ計画最初の有人飛行のため、アポロ1号の名前を欠番にしてほしい、という遺族からの要望にも添うものだった。

司令船（CM）の形状と内部

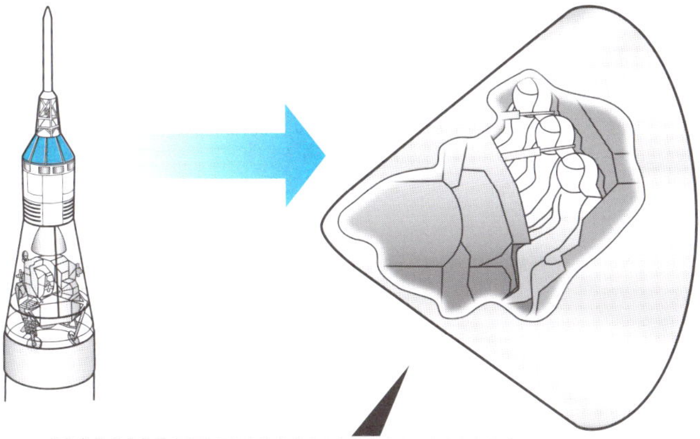

最大直径約4m、高さは約3m。3人の飛行士が並んで座れる空間が確保されている。余談だが、明治製菓のアポロチョコレートは、この司令船の形をイメージしたお菓子だ。

計画されていたアポロ１号の飛行内容			
ミッション名	アポロ1号（Apollo1）	軌道周回数	200周
乗員数	3名	遠地点	～300㎞
打上日時	1967年2月21日	近地点	～230㎞
帰還日時	1967年3月7日	打上場所	ケネディ宇宙センター
飛行日数	14日	着水場所	大西洋プエルト・リコ沖

火災事故後の主な改良点

	事故前	事故後
乗降用ハッチ	内開き	外開き（10秒未満で開けることが可能）
船内の空気	最初から純粋酸素を使用	打上時は酸素60%、窒素40%。その後24時間で純粋酸素へ徐々に切り換え
宇宙服の素材	ナイロン	グラス・ファイバ
船内機材の素材	可燃性素材あり	可燃性素材は不燃性素材へ変更

また、配線の問題が1,407か所にわたって修正されたほか、配線と配管は絶縁体で覆われることになった

関連項目

●アポロ計画→No.026
●ジェミニ計画→No.025
●マーキュリー計画→No.024

No.055

アポロ11号

Apollo 11

1969年に、人間を初めて月面に送り込み、地球へ無事に帰還させる歴史的な偉業を成し遂げた有人宇宙船。

●人類が月に降り立った

1969年7月16日、ケネディ宇宙センターから「アポロ11号」が打ち上げられた。飛行は順調で、7月19日に月の周回軌道に入る。翌日、いよいよ月着陸船「イーグル」が切り離され、月面の「静の海」へ向けて降下を始めた。「イーグル」の乗船定員は2名。乗り込んだのはアポロ11号船長のニール・アームストロングと月着陸船操縦士エドウィン・オルドリンである。司令船操縦士のマイケル・コリンズは司令船「コロンビア」で月の周回軌道を回りながら、着陸船の帰還を待つのだ。

月面へ近付くにつれて、予定されていた着陸地点は予想以上に凹凸が多く、着陸に不向きであることがわかった。窓から目視で安全な地点を探し、降下用エンジンをふかしての移動が続いた。軟着陸が成功したとき、降下用エンジンの燃料は、あと20数秒で尽きようとしていた。

約6時間後、**船外活動**の準備が整った。最初にハッチから現れたのはアームストロング船長。月面に第一歩を示した後、「一人の人間にとっては小さな一歩だが、人類にとっては大きな飛躍となる一歩だ」という名言を残している。彼はオルドリンと約2時間半の船外活動を行い、その様子は月面に据えられたTVカメラで生中継された。途中、当時のアメリカ大統領ニクソンと交信も行っている。翌日、月着陸船の上昇段で月の周回軌道へ向かった2人は、司令船と無事にドッキング。アポロ11号は帰途につく。

打ち上げから195時間18分35秒、3人を乗せた司令船コロンビアは太平洋へ着水。全員が無事に帰還を果たした。1961年に、当時のケネディ大統領が発表した月面への往復有人飛行計画が成就した瞬間だった。しかし、残念なことにケネディ大統領は、在職中の1963年に暗殺事件で世を去っており、この歴史的快挙を目にすることがかなわなかった。

アポロ11号の飛行概念図

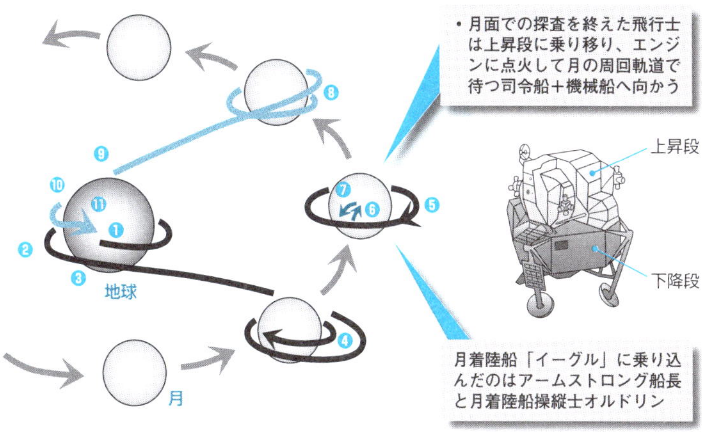
・月面での探査を終えた飛行士は上昇段に乗り移り、エンジンに点火して月の周回軌道で待つ司令船＋機械船へ向かう
上昇段
下降段
地球
月
月着陸船「イーグル」に乗り込んだのはアームストロング船長と月着陸船操縦士オルドリン

①サターンVロケットで地球周回軌道へ打ち上げ

②ロケットの３段目に点火して月への飛行軌道へ乗る

③ロケットの３段目を切り離し、アポロ宇宙船が月へ向かう

④逆噴射して月の周回軌道に乗る

⑤司令船と機械船が軌道を周回しながら待機

⑥切り離された月着陸船が降下

⑦月着陸船が上昇してドッキング

⑧月着陸船を切り離し、エンジンに点火。地球への飛行軌道に乗る

⑨大気圏再突入に向けて逆噴射による減速

⑩機械船を切り離す

⑪司令船のパラシュートを開いて着水

関連項目

●アポロ計画→No.026　　●船外活動→No.016

No.056

アポロ13号

Apollo 13

3度目の有人月着陸を目指したアポロ宇宙船。月への飛行中に起きた事故を克服し、3名の飛行士が無事に生還を果たした。

●輝かしい失敗

3度目となる月面着陸を目指し、1970年4月11日にケネディ宇宙センターから「アポロ13号」が打ち上げられた。地球から月への道のりを8割方飛び終えた4月14日3時07分53秒、重大なトラブルが発生する。機械船に搭載されている2基の液体酸素タンクの片方（第2酸素タンク）が突如として爆発したのだ。司令船へ酸素や電気を供給する機械船の損傷は、飛行士たちの命の危機を意味する。NASAは月着陸の中止を飛行士に伝え、彼らを生還させるために全力を傾けることとなった。

不幸中の幸いは、壊れたのが機械船だけだったことだ。3人は司令船「オデッセイ」の機能を一時的に停止させると、月着陸船「アクエリアス」へ避難した。月着陸船は、司令船から完全に独立した電源や酸素タンクを備えているのだ。また、本来の定員は2名だが、3人を収容するだけの容積もあった。月着陸船の月面降下用ロケット・エンジンを活用して自由帰還軌道に乗ると、電力を節約するため、必要最小限の機器を残してスイッチが切られた。暖房も切られ、船内は摂氏4度を下回る低温状態になった。

地球へ接近した4月16日から17日にかけて、月着陸船のロケット・エンジンで大気圏への再突入角度を調整。機械船の切り離し後、3人は機能を再起動した司令船へ移り、救命艇となってくれた月着陸船も切り離す。こうして18時7分、司令船は太平洋へ無事に着水した。

未曾有の緊急事態を乗り越えて3人の飛行士を生還させることに成功した「アポロ13号」のミッションは、後に「輝かしい失敗」と称されるようになった。船長のラヴェルは、その顛末を回顧録『Lost Moon』（邦題『アポロ13』新潮文庫）に記している。また、俳優のトム・ハンクスがラヴェルを演じた映画『アポロ13』は、アカデミー賞の2部門を受賞した。

アポロ13号の飛行概念図

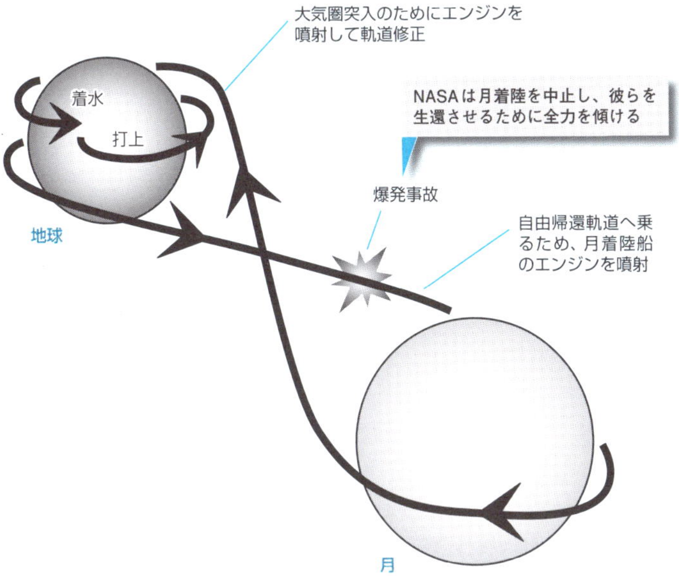
大気圏突入のためにエンジンを
噴射して軌道修正
着水
打上
NASAは月着陸を中止し、彼らを
生還させるために全力を傾ける
爆発事故
自由帰還軌道へ乗
るため、月着陸船
のエンジンを噴射
地球
月

❖ 自由帰還軌道とは

月へ向かう際に使われる飛行コースのひとつ。このコースを飛んでいるときは、エンジンの噴射などを行わない限り、自動的に月の裏側をぐるりと回って地球へ戻ることができる。逆噴射エンジンの故障などで月の周回軌道へ入れなくなったとしても、自由帰還軌道に乗ったままにしておけば、地球への帰還は果たせるというわけだ。13号以前のアポロはこのコースを飛び、月へ接近したら減速して周回軌道へ入る方法をとっていた。

ところがアポロ13号は、月面でも変化に富んだ地形をもっている「フラ・マウロ高地」への着陸を目指していたため、自由帰還軌道ではないコースを飛んでいたのだ。爆発事故後も月着陸船のエンジンは生きていて、自由帰還軌道へ戻るための噴射ができたのはたいへんな幸運だったといえるだろう。

関連項目

●アポロ計画→No.026

No.057

ソユーズ

Soyuz

1967年に初飛行をしたソ連の有人宇宙船。40年を経た現在も改良型がロシアによって打ち上げられ続けている。

●日本人初の宇宙飛行士が乗ったのは「ソユーズ」だった

ヴォスホート計画の終了後、ソ連は月への有人往復飛行計画を実現する宇宙船の開発を本格化した。「ソ連宇宙開発の父」と称されるセルゲイ・コリョロフによってデザインされたのは、自力で飛行軌道を変えられる機能をもつ3人乗りのソユーズ宇宙船だった。

月への飛行計画は1970年代になって中止されてしまうのだが、ソユーズ宇宙船自体は生き残り、宇宙ステーションへの人員・物資輸送を主要な任務として大車輪の活躍を続ける。ソ連のサリュートや**ミール**での実験活動、さらには**国際宇宙ステーション（ISS）**の組み立てにもソユーズ宇宙船は大きく貢献。初代ソユーズ（ソユーズOK）→改良型ソユーズ（ソユーズ・フェリー）→ソユーズT→ソユーズTM→ソユーズTMAと進化しつつ、今に至るもロシアの主力宇宙船として使われ続けている。

ソユーズ宇宙船がこなした有人飛行は、2006年12月現在で90回を超える。人命が失われる事故は1号（1967年4月）と11号（1971年6月）で起きた。しかし、その後35年以上も死亡事故は起きておらず、今のところ「世界で最も安全、かつ経済的な有人宇宙船」と評価されている。打ち上げに使われている「ソユーズ」ロケットのシリーズも、運用開始から40年以上。宇宙船におとらない息の長さだ。

1990年12月2日、日本人初の宇宙飛行士となった秋山豊寛《あきやまとよひろ》氏が乗ったのは「ソユーズTM11」だった。個人の宇宙観光旅行を初めて実現したのもソユーズ宇宙船だ（アメリカの実業家デニス・チトー氏が「ソユーズTM32」で飛行）。2006年9月18日には「ソユーズ」ロケットが1,713回目の打ち上げに成功。打ち上げられた「ソユーズTMA9」には、イラン系アメリカ人の女性実業家アニューシャ・アンサリ氏が搭乗して話題になった。

ソユーズ宇宙船

世界で最も安全、かつ経済的な有人宇宙船

運用開始から40年以上経た現在でも、国際宇宙ステーションへの往復用などに重要な役割を果たしており、ロシアの主力宇宙船として使われ続けている

◆ソユーズTMA

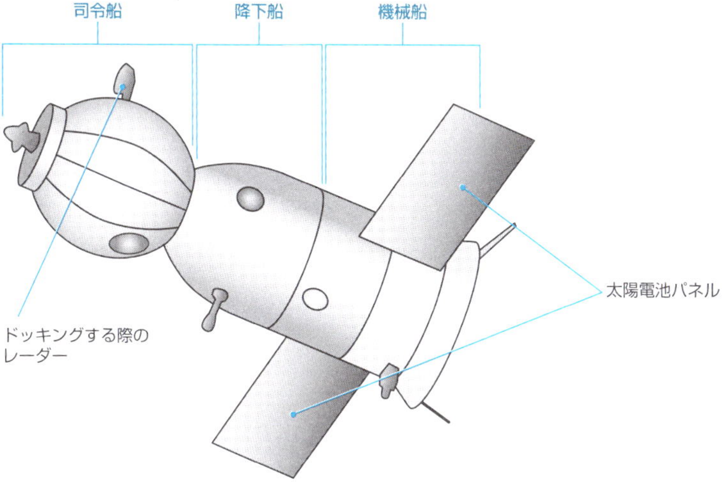

翼のように広がった太陽電池パネルで発電し、飛行中の電力を補う仕組み

ソユーズTMAのスペック	
全長	7.2m
全幅	10.6m（太陽電池パネル含む）
最大直径	2.7m
打上時質量	7.07t
司令船全長	2.6m
降下船全長	2.1m
機械船全長	2.5m

関連項目

●ヴォスホート計画→No.030
●ソユーズL1・L3→No.058
●ミール→No.064
●国際宇宙ステーション（ISS）→No.065

No.058

ソユーズL1・L3

Soyuz L1 , Soyuz L3

ソ連による月への有人飛行計画。「L1」では月上空の接近飛行、「L3」では月面着陸が計画されていたが、いずれも中止された。

●ソ連は月への有人飛行を断念

1964年8月、ソ連政府は有人月飛行を目指す計画に対して開始許可を与えた。「ソ連宇宙開発の父」と呼ばれるセルゲイ・コリョロフを中心に、**ソユーズ**宇宙船、および打ち上げ用ロケットの開発が本格化。まずは地球周回軌道を有人飛行する「ソユーズOK」計画で基礎を固めつつ、月上空を有人飛行して帰還する「ソユーズL1」計画と、月面へ有人着陸する「ソユーズL3」計画を並行して進める予定が組まれた。

「ソユーズOK」宇宙船は、1967年に打ち上げられた1号が帰還時のトラブルで地上に激突。ウラジミール・コマロフ飛行士が死亡してしまう。しかし、1968年10月からの約1年間で、2～8号が地球周回軌道でランデブー、ドッキング、**船外活動**（EVA）などの実験に成功。これらソユーズOK計画の成果を受けて製作されたソユーズL1宇宙船は、人工衛星などの打ち上げで実績を上げていた「プロトン」ロケットで、1968年12月9日に打ち上げられることが決まった。ところが、コマロフの事故死を受けた慎重論もあったせいか、宇宙飛行士が乗り込むばかりの段階になって、ソ連政府は打ち上げ中止を決定する。そして1970年10月にはソユーズL1計画そのものが正式に中止されてしまった。

いっぽうのソユーズL3計画は、月の周回軌道を回る母船や月着陸船を組み合わせた「ソユーズL3コンプレックス（複合体）」と呼ばれる宇宙船の開発が進んでいた。しかし、ソユーズL3コンプレックスを月へ送り込む超大型ロケット「N1」の開発が難航を極める。1969～1972年にかけて4回連続で打ち上げ実験に失敗。1974年になっても完成のめどが立たなかった。同年6月23日、ソ連政府はついにソユーズL3計画も正式に中止。ソ連による有人月飛行は幻に終わったのだった。

ソ連の有人月飛行計画

ソユーズL1計画	月接近飛行（月の裏側を廻って地球に帰還）	1970年中止
ソユーズL3計画	有人月面着陸計画	1974年中止

◆解体、破棄処分されたソユーズL3コンプレックス

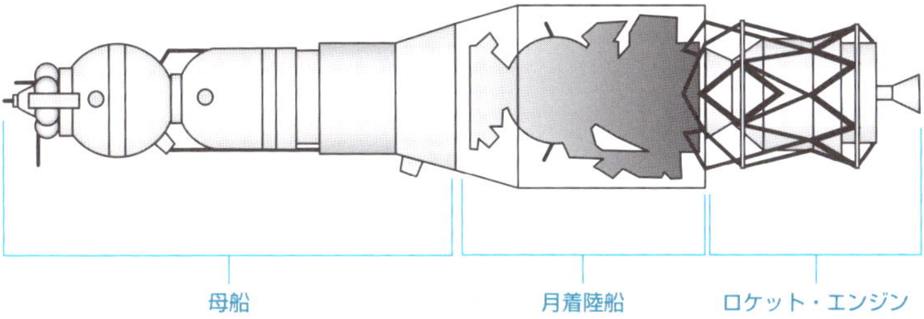

ソユーズ宇宙船から太陽電池パネルを除いたような形状

母船と月着陸船をつなぐ通路のようなものはないので、月の周回軌道上で宇宙服を着た飛行士が母船からいったん出て、月着陸船へ乗り移ることになっていた

◆すべての打ち上げ実験に失敗したN1ロケット

1969/2/21	初の発射実験は、リフト・オフの69秒後、高度12,200mに達したところで爆発して失敗
1969/7/3	打ち上げ直後に宇宙開発史上最大規模といわれる爆発を起こし、打ち上げ基地に甚大な被害をもたらした
1971/6/24	リフト・オフの51秒後に爆発
1972/11/22	リフト・オフの107秒後に爆発

最新型ソユーズは月への往復飛行も可能

2006年10月、ロシアのエネルギア社は、搭載システムをデジタル機器に刷新した「ソユーズK」有人宇宙船の設計が最終段階にあることを発表した。「ソユーズK」は月への往還飛行も可能。早ければ、2011年ころに1号機の打ち上げが行われるかもしれない。

関連項目

●ソユーズ→No.057
●船外活動→No.016

No.059

コロンビア

Space Shuttle Columbia

世界で初めて有人宇宙船の再利用を実現したスペースシャトル・オービタ。船体は2003年の事故で乗員7名の生命とともに失われてしまった。

●防げたかもしれない悲惨な事故

1981年4月12日、ケネディ宇宙センターで、史上初めて**スペースシャトル**が打ち上げられた。オービタ「コロンビア」の乗員は2名。船長《コマンダー》ジョン・ヤングは当時50歳で、**ジェミニ**3号での飛行を皮切りに**アポロ**16号では船長も務めたベテランだった。操縦士《パイロット》は43歳のロバート・クリッペン。彼にとっては初の宇宙飛行である。地球上空で36周の軌道周回飛行をこなしたコロンビアは、カリフォルニア州のエドワーズ空軍基地へ無事に着陸した。しかし、次の飛行に備えてのメンテナンスで、船体に貼られた耐熱タイルの一部に脱落や損傷が確認された。このときは致命的なトラブルにこそならなかったが、耐熱タイルと断熱材の問題は以後のスペースシャトルの安全性に大きな影を落とし続けることとなる。

初飛行からまもなく22年を経ようとしていた2003年1月16日、コロンビアは28回目の飛行を行った。約2週間にわたるミッションは無事にこなしたが、2月1日の大気圏再突入時、船体は炎に包まれながら空中分解。乗員7名の命が奪われてしまった。事故の原因はコロンビアの左翼に付いた傷だった。打ち上げ時、外部燃料タンク表面からはがれ落ちた耐熱タイルの一部が当たってできた傷である。その傷から、再突入時に船体を包む超高温の気体が入り込み、船体が破壊されたのだ。NASAは、翼が傷付いていることを打ち上げの翌日には把握していた。にもかかわらず、致命的な問題ではないと判断して飛行任務を通常どおりに進行させてしまったのだ。1986年に**チャレンジャー**の事故で乗員7名を失ったとき、NASAは約2年にわたって宇宙開発を中断。安全対策の強化と意識改革を図ったはずだった。しかし、この事故でNASAの危機管理意識の低下が再び糾弾され、以降シャトルは2005年7月まで打ち上げられなかった。

スペースシャトル・コロンビア

初の有人宇宙飛行を成功させたオービタ

1号機のエンタープライズは
大気圏内専用の実験機

初飛行	任務STS-1 (1981年4月12日～4月14日)

↓

最後の任務	28回目の任務STS-107 (2003年1月16日～2月1日)

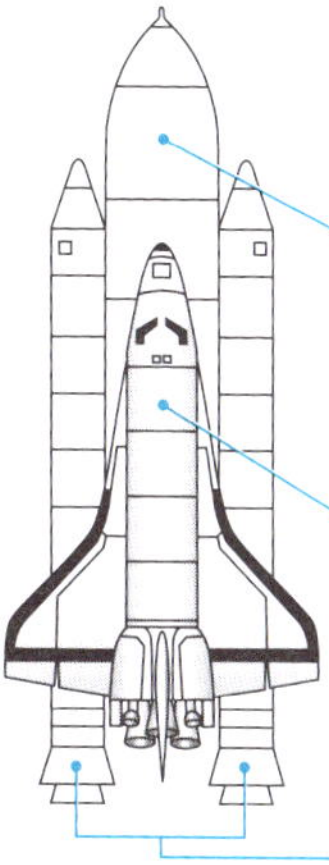

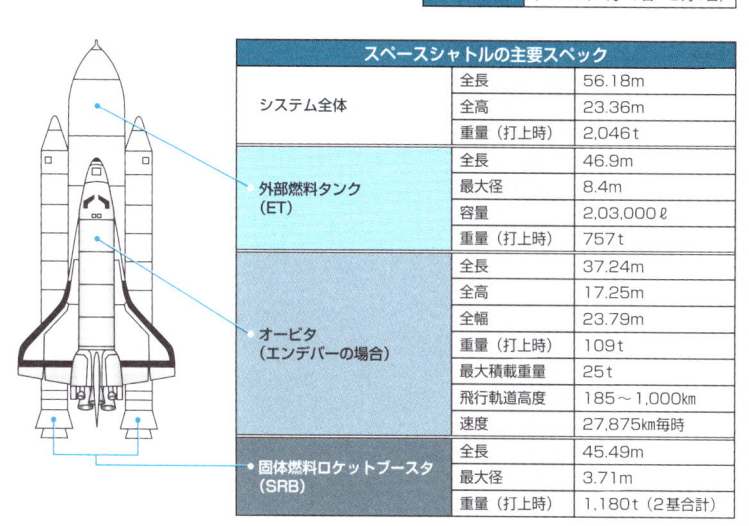

スペースシャトルの主要スペック		
システム全体	全長	56.18m
	全高	23.36m
	重量（打上時）	2,046t
外部燃料タンク(ET)	全長	46.9m
	最大径	8.4m
	容量	2,03,000ℓ
	重量（打上時）	757t
オービタ(エンデバーの場合)	全長	37.24m
	全高	17.25m
	全幅	23.79m
	重量（打上時）	109t
	最大積載重量	25t
	飛行軌道高度	185～1,000km
	速度	27,875km毎時
固体燃料ロケットブースタ(SRB)	全長	45.49m
	最大径	3.71m
	重量（打上時）	1,180t（2基合計）

スペースシャトルの正式名称は「STS」

NASAのスペースシャトル計画には「Space Transportation System（宇宙輸送システム)」という正式名称があり、頭文字をとって「STS」と表記されることが多い。シャトルの各飛行任務名には「STS-」に数字やアルファベットを組み合わせた形式で個別の名前が付けられる。たとえば「コロンビア」の初飛行任務は「STS-1」。事故に見舞われた最後の飛行任務は「STS-107」だ。

関連項目

●スペースシャトル計画→No.028
●アポロ計画→No.026
●ジェミニ計画→No.025
●チャレンジャー→No.060

No.060

チャレンジャー

Space Shuttle Challenger

製造時期は「コロンビア」よりも早かったが、宇宙飛行はコロンビアに次ぐ2番目（1983年4月4日に初飛行）だったオービタ。

●スペースシャトル初の死亡事故は乗員すべての命を奪った

1986年1月28日、「チャレンジャー」は10回目の飛行任務（STS-51-L）へ向かうことになった。**スペースシャトル**全体で通算25回目の区切りとなる飛行には、初めて一般市民が迎えられることになった。約11,000人の希望者から選ばれた1名は、女性高校教師のクリスタ・マコーリフ。彼女はオービタ内から地上の生徒たちに宇宙授業を行う予定だった。

ところが打ち上げから約73秒後、外部燃料タンクが大爆発。高度約16,000mの空中に放り出されたチャレンジャーは落下して海面へ激突。マコーリフを含む乗員7名の全員が死亡する大事故が起きてしまった。

爆発の原因は、固形燃料ロケットブースタ（以後「ブースタ」と省略）の継ぎ目部分にはめ込まれている「O《オー》リング」という環状の部品にあった。打ち上げ基地の気温が天候の関係で非常に低く、片方のブースタのOリングが凍結していたのだ。そこから漏れ出した燃料に火が付き、高熱の炎が吹き出した。炎は、ブースタと外部燃料タンクを接続していた部品の一部を焼き切り、片方のブースタが宙ぶらりんの状態になってしまった。揺れ動いたブースタが外部燃料タンクにぶつかって損傷を与えたため、傷ついた外部燃料タンクは瞬く間にガス漏れを起こし、爆発したのだった。

事故後の調査で、以前から現場の担当者がOリングの問題を指摘していたにもかかわらず、上層部は見過ごしていたことが判明し、NASAの権威はいっきに失墜した。信頼の回復を目指したNASAは、以後2年間にわたって宇宙開発業務を凍結し、事故原因の究明と再発防止策の徹底に務める道を選んだ。事故調査委員会のメンバーには、1983年6月に「チャレンジャー」の2度目の飛行へ参加し、アメリカ人初（世界では3番目）の女性宇宙飛行士となったサリー・ライドも名を連ねていた。

スペースシャトル・チャレンジャー

- 「コロンビア」に続き打ち上げられたオービタ
- スペースシャトル初の死亡事故で7人が犠牲になった

エンタープライズと同時に製造された地上試験機を改造しているため、コロンビアより早い時期に製造されている

初飛行	任務STS-6 (1983年4月4日)
最後の任務	10回目の任務STS-51-L (1986年1月28日)

オービタの構造

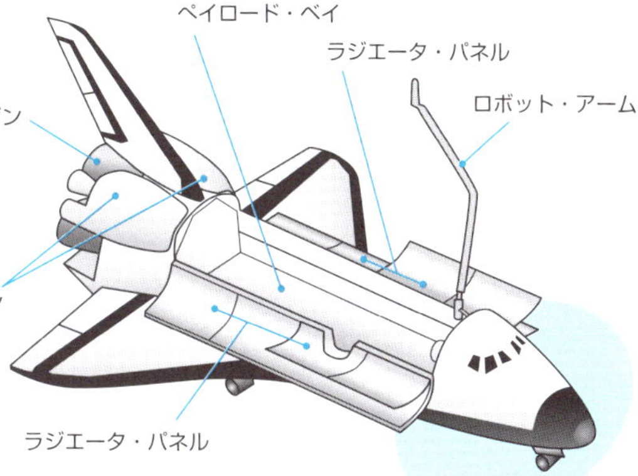

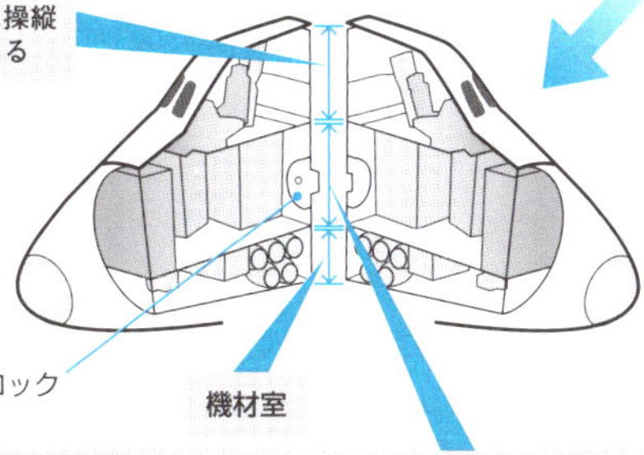

関連項目

●スペースシャトル計画→No.028

No.061

ディスカバリー

Space Shuttle Discovery

「コロンビア」の事故後に再開された初の飛行（STS-114）をこなしたスペースシャトル・オービタ。

●現存する有人宇宙飛行が可能な機体として最古参

コロンビアの事故から約2年。2005年7月26日、ディスカバリーの飛行任務「STS-114」で**スペースシャトル**の飛行が再開された。ディスカバリーにとっては約4年ぶり、31回目の飛行である。主要任務は**国際宇宙ステーション（ISS）**への物資補給、そしてオービタへ初めて導入された点検整備用システム「OBSS」の実験だ。船長はアイリーン・コリンズ。船長を務めるのは彼女にとって2度目の経験である。ミッション・スペシャリストの中には日本人宇宙飛行士、野口聡一《のぐちそういち》氏の顔もあった。

ISSの組み立ては、スペースシャトルによる物資や人員の補給を前提として計画されている。コロンビアの事故後は作業も中断したままだったが、ディスカバリーの到着によって約3年ぶりに組み立てが再開された。この作業には野口氏が腕をふるった。

また、野口氏は、打ち上げ時に外部燃料タンクが切り離される際の様子を、ビデオカメラで撮影する仕事もこなしていた。コロンビアの事故は、外部燃料タンクからはがれた断熱材がオービタの主翼に当たって付けた傷が原因と考えられていた。断熱材の処理は事故後に改良されたが、実際の打ち上げ時にどのような状況が発生するかを観察する必要があったのだ。

飛行2日目には、機体の損傷を詳細に調査できるOBSSの試験運用も成功。ディスカバリーは大きな収穫を手にして8月9日に無事帰還した。

1984年8月30日の初飛行以来、ディスカバリーは33回の飛行任務をこなしている（2006年12月現在）。1990年にはハッブル宇宙望遠鏡（HST）を放出。**ミール**と最後にドッキングし、1999年に国際宇宙ステーションと初めてドッキングしたオービタでもある。ちなみに、映画『2001年宇宙の旅』に登場する木星探査船の名前もディスカバリーだ。

スペースシャトル・ディスカバリー

1998年にロシアの宇宙ステーション「ミール」と最後にドッキングしたオービタ

1999年には国際宇宙ステーションと初めてドッキング

初飛行	任務STS-41-D（1984月8月30日）

↓

2010年に退役予定

ロボットアームと「OBSS」

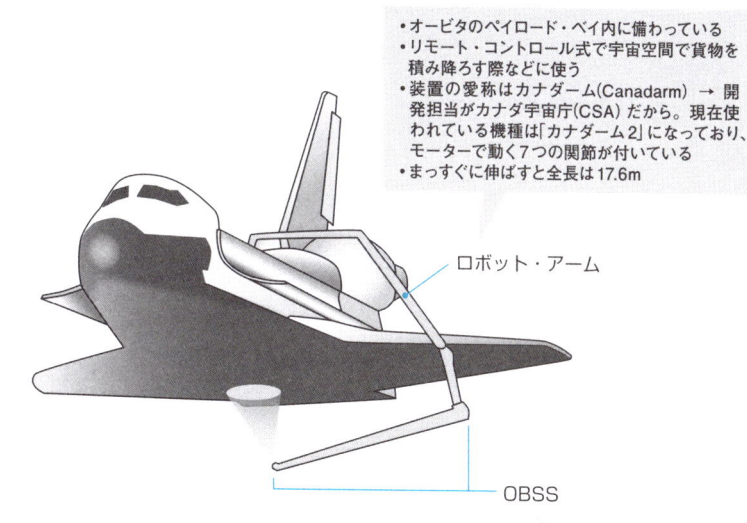

- オービタのペイロード・ベイ内に備わっている
- リモート・コントロール式で宇宙空間で貨物を積み降ろす際などに使う
- 装置の愛称はカナダーム(Canadarm) → 開発担当がカナダ宇宙庁(CSA) だから。現在使われている機種は「カナダーム2」になっており、モーターで動く7つの関節が付いている
- まっすぐに伸ばすと全長は17.6m

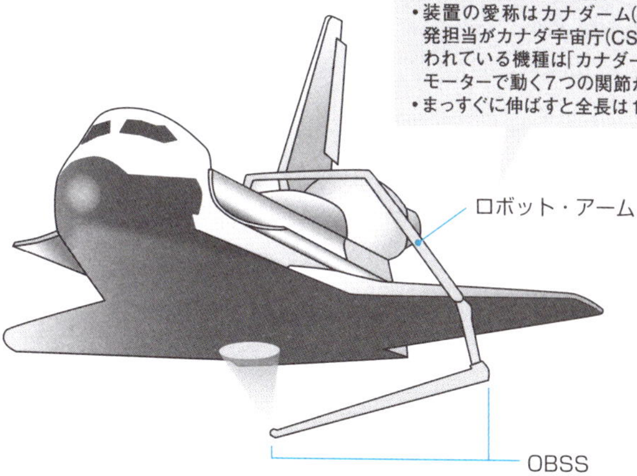

- 長さ約15mの細長い円筒形
- 先端にはレーザー光で船体を照射する装置、およびその光をとらえるカメラがある
- ロボット・アームでOBSSを宇宙空間へ差し出し、先端を船体表面へ近づける。カメラがとらえた映像は、専用の画像処理装置でモニタへ映し出される → 船体の耐熱タイルなどにできた約0.05㎜の傷さえも発見できる

関連項目

●コロンビア→No.059
●スペースシャトル計画→No.028
●国際宇宙ステーション（ISS）→No.065
●ミール→No.064

No.062

アトランティス

Space Shuttle Atlantis

映画の撮影などにもよく使われるスペースシャトル・オービタ。2008年に最初の退役オービタとなる可能性が高い。

●スクリーンにも登場したオービタ

「アトランティス」の初飛行は1985年10月のこと。船名は、アメリカの海洋調査船にちなんだもので、もともとは古代ギリシアの哲学者・プラトンの著作に登場した伝説の大陸名だ。

アトランティスは1989年5月に金星探査機の「マゼラン」、同年10月に木星探査機の「ガリレオ」、1992年10月にはヨーロッパ宇宙機構（ESA）の衛星「ユーレカ」を放出するミッションに成功。1995年6月には**スペースシャトル**・オービタとして初めてロシアの宇宙ステーション「**ミール**」とドッキングした。ミールとは1997年9月にかけて合計7回のドッキングを行い、交代要員の輸送も行った。2000年以降は**国際宇宙ステーション（ISS）**の組み立てミッションに専念する形で飛行を続けており、2006年12月現在で通算27回の飛行任務を完了している。

NASAの発表によると、アトランティスは2008年に退役することがほぼ決定している。退役したアトランティスの部品は、**ディスカバリー**と**エンデバー**の補修用に活用されるということだ。とはいえ、アトランティスの姿は映画やTVドラマの映像にしっかりと残されている。1986年製作の映画『スペースキャンプ』は、夏休みを利用してスペースキャンプ（宇宙飛行を疑似体験できる施設）に集まった5人の少年少女が、宇宙飛行の経験がない女性インストラクターとともにアトランティスで宇宙へ飛び出してしまうという物語だ。打ち上げや大気圏再突入の場面がかなりリアルに作り込まれていて興味深い。また、1998年に製作された『ディープ・インパクト』では、地球を危機から救うために地球上空の軌道で作られた宇宙船「メサイア」への移動手段としてアトランティスが使われている。興味のある方はぜひご覧いただきたい。

スペースシャトル・アトランティス

1995年に初めてロシアの宇宙ステーション「ミール」とドッキングしたオービタ

初飛行	任務STS-51-J （1985年10月3日）

→ 2008年に退役予定

◆オービタの空中輸送

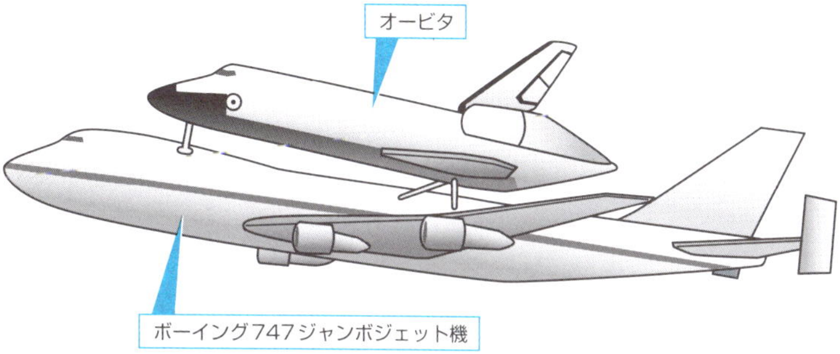

スペースシャトルの打ち上げ
打ち上げはフロリダ州にあるケネディ宇宙センターで行われる。オービタがエドワーズ空軍基地に降りた場合は、船体のメンテナンスや次回の打ち上げに備えて、ボーイング747ジャンボジェット機でケネディ宇宙センターへ運ばれる。

◆オービタ乗員の呼称

オービタ乗員の呼称	担当任務
船長：コマンダー	飛行任務の責任者。スペースシャトルの操縦を担当
操縦士（操縦手）：パイロット	船長の補佐役。スペースシャトルの操縦を担当
搭乗運用技術者：ミッション・スペシャリスト	オービタ運用の専門家。船外活動、ロボットアームの操作、操縦士の補佐などを担当
搭乗科学技術者：ペイロード・スペシャリスト	特殊な搭載物の運用に関する専門家。オービタ自体の運用にはかかわらない

関連項目

●スペースシャトル計画→No.028
●ミール→No.064
●国際宇宙ステーション（ISS）→No.065
●ディスカバリー→No.061
●エンデバー→No.063

No.063

エンデバー

Space Shuttle Endeavour

「チャレンジャー」の事故後、スペアの部品をもとに製造されたもっとも新しいスペースシャトル・オービタ。

●最後の飛行をするオービタとなる可能性が高い

「エンデバー」の初飛行（STS-49）は1992年の5月である。現存する宇宙飛行が可能な船体としてはいちばん新しいが、2002年の12月ですでに19回の飛行任務を完了している。次回の飛行は2007年6月に予定されていて、**国際宇宙ステーション（ISS）**の組み立てミッションに携わる交代要員を運ぶことになっている。

船名のエンデバー（意味は「努力」）は、「キャプテン・クック」として有名なイギリスの探検家「ジェームズ・クック」が率いた探検船の名前にちなんだものだ。そのため、綴りもアメリカ流の「Endeavor」ではなく、イギリス流の「Endeavour」が採用されている。なお、**ディスカバリー**（意味は「発見」）も、クックが率いた船の一隻と同名だ。

1992年、エンデバーの通算2回目の飛行「STS-47」にペイロード・スペシャリストとして参加した毛利《もうり》衛《まもる》氏は、**スペースシャトル**での飛行を経験した初めての日本人である。2000年の「STS-99」で、毛利氏はミッション・スペシャリストとして再びエンデバーへの搭乗を果たした。彼は、日本人として初めてペイロード・スペシャリストとミッション・スペシャリストの両方を経験したのである。

1996年1月の「STS-72」には若田《わかた》光一《こういち》氏が日本人初のミッション・スペシャリストとして参加。ロボット・アームを利用して日本の「宇宙実験・観測フリーフライヤ（SFU）」の回収ミッションを行った。このSFUは前年の3月に**H-IIロケット**3号機で打ち上げられたものだった。SFUは使い捨て式ではなく、再利用可能な人工衛星である。一定の目的を果たしたらスペースシャトル・オービタで回収し、整備・点検やミッションに合わせたモジュールの変更などを行い、再び軌道上に打ち上げられるのだ。

スペースシャトル・エンデバー

「チャレンジャー」の事故後、
ストックされていたスペアの部品をもとに製造されたオービタ

初飛行	任務STS-49（1992年5月7日）	→	2010年に退役予定

宇宙飛行したスペースシャトル・オービタの歴史

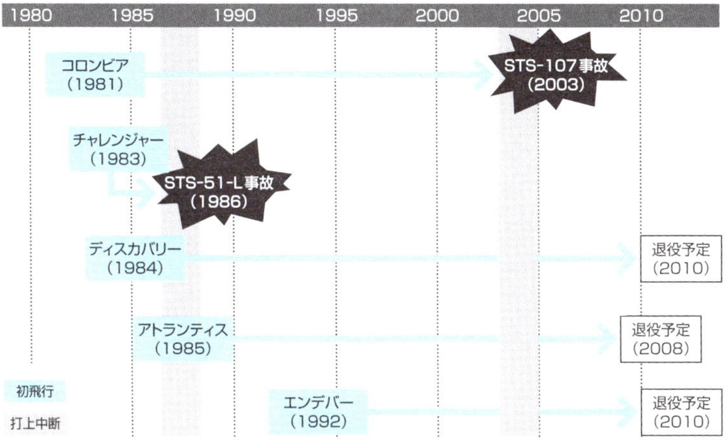

◆スペースシャトル・オービタに搭乗した日本人宇宙飛行士

氏名	打上年月日	飛行任務名	オービタ名	役職名
毛利 衛	1992/9/12	STS-47	エンデバー	ペイロード・スペシャリスト
向井 千秋	1994/7/8	STS-65	コロンビア	ペイロード・スペシャリスト
若田 光一	1996/1/11	STS-72	エンデバー	ミッション・スペシャリスト
土井 隆雄	1997/11/19	STS-87	コロンビア	ミッション・スペシャリスト
向井 千秋	1998/10/29	STS-95	ディスカバリー	ペイロード・スペシャリスト
若田 光一	2000/10/11	STS-92	ディスカバリー	ミッション・スペシャリスト
毛利 衛	2000/2/11	STS-99	エンデバー	ミッション・スペシャリスト
野口 聡一	2005/7/26	STS-114	コロンビア	ミッション・スペシャリスト

関連項目
●国際宇宙ステーション（ISS）→No.065
●スペースシャトル計画→No.028
●ディスカバリー→No.061
●H-II ロケット→No.069

No.064

ミール

Mir

1986～2001年にかけて運用されたソ連～ロシアの宇宙ステーション。「ミール」はロシア語で「世界」「平和」といった意味。

●世界各国の宇宙飛行士が滞在した国際的「宇宙基地」

1970年代に入ると、米ソの宇宙開発は実用性を重んじる方向へと大きく傾く。宇宙ステーションの実用化計画もそのひとつだった。人間が滞在可能な施設を地球の周回軌道上に作り、無重量という特殊な環境を各種の実験、研究に役立てようというものだ。世界初の宇宙ステーションとなったのは、1971年に1号が打ち上げられたソ連の「サリュート」。1973年には、アメリカが**アポロ計画**の経験を生かして「スカイラブ」を打ち上げた。

「ミール」は「サリュート」の後を引き継いだ宇宙ステーションだ。その特徴は、居住用区画や実験用区画など、目的別に建造された「モジュール」と呼ばれる設備を増設できる仕組みにあった。宇宙船とのドッキングに使う「ドッキング・ポート」という設備を増やし、モジュールの接続用にも活用してしまおうという発想だ。1986年に打ち上げられた最初の基本モジュールは、全長約13m、最大直径約4mの単なる円筒にすぎなかったが、ドッキングポートは6基も装備されていた。1987～1996年にかけて打ち上げられた5基のモジュールは、次々と基本モジュールへドッキング。ミールは最終的に全長、全高、全幅がそれぞれ約30mもある複合体へ成長したのだった。ソ連の崩壊後はロシアが運営を引き継いだミールには、日本人初の宇宙飛行士となった秋山豊寛《あきやまとよひろ》氏を含む、のべ100人にもおよぶ世界各国の飛行士が滞在し、さまざまな研究や実験を行った。ロシアのポリャコフ飛行士は、1994～1995年にかけて、437日18時間にもおよぶ連続長期滞在記録を達成している。

大きな成果をあげたミールだが、船体の老朽化や運用資金不足などの理由で破棄が決定。2001年3月23日、15年以上にわたって地球上空を巡り続けた船体は周回軌道を離脱して大気圏へ突入。その生涯を終えた。

宇宙ステーション「ミール」

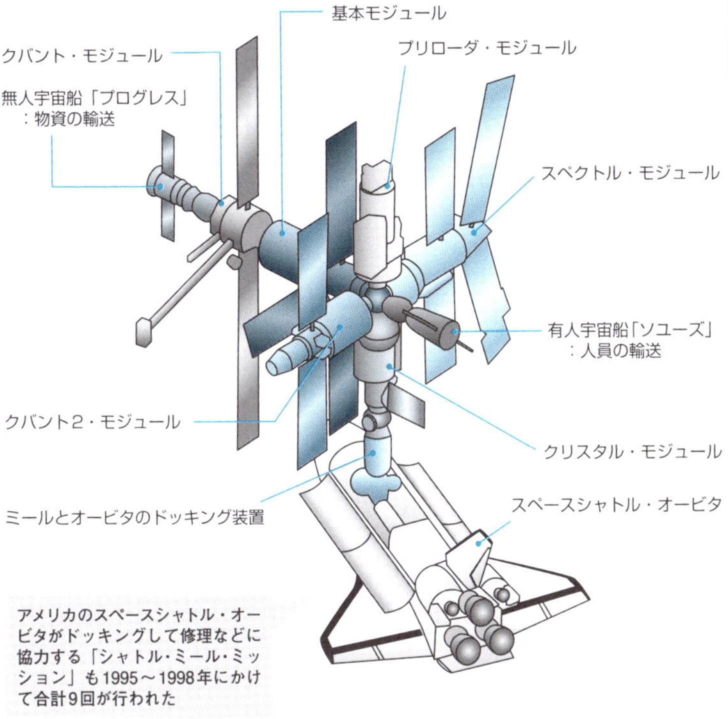

複数のモジュールが結合され、最終的に全長、全高、全幅がそれぞれ約30mもある複合体になった

モジュール名	打上年月日	機能
基本（コア）モジュール	1986/2/19	ミール全体の制御システムを搭載した居住用モジュール
クバント・モジュール	1987/3/31	天体物理観測モジュール
クバント2・モジュール	1989/11/26	生命維持モジュール
クリスタル・モジュール	1990/5/31	宇宙工学モジュール
スペクトル・モジュール	1995/5/20	科学実験モジュール
プリローダ・モジュール	1996/4/23	地球科学・環境監視モジュール

関連項目

●アポロ計画→No.026

No.065

国際宇宙ステーション(ISS)

International Space Station (ISS)

世界15か国の協力で、1998年から組み立てミッションが進んでいる文字どおり国際的な規模の宇宙ステーション。完成予定は2010年。

●完成を気長に待ちたい

「国際宇宙ステーション」(本項では以後「ISS」と記述)は、**ミール**と同様に複数の建造物《モジュール》をドッキングさせることで組み立てられている宇宙ステーションだ。最初の部品となったのは基本機能モジュール「ザーリャ」。ロシアの「プロトン」ロケットで1998年に打ち上げられ、地球上空約400㎞の周回軌道に乗った。以後、各種の目的別モジュールと資材が「プロトン」ロケット、およびアメリカの**スペースシャトル**で打ち上げられ、組み立てが行われている。2010年には幅が約108m、奥行き約74m、総重量約420tの船体が完成し、最大で6人の乗組員が常駐できるようになる。各種の実験・研究・観測用の施設として約10年にわたって運用される予定だ。

ISSの建設に参加しているのは15か国(アメリカ、ロシア、日本、カナダ、フランス、イギリス、ドイツ、スペイン、イタリア、オランダ、ベルギー、スイス、デンマーク、ノルウェー、スウェーデン)。部品やモジュールの開発も各国が手分けして行っている。日本は実験モジュール「きぼう」などの開発と運用テストを実施中だ。

ISSの建設計画は、財政面などからも決して順調とはいえず、進行が遅れがちだった。加えて大きな打撃となったのは、資材の打ち上げに活躍するはずだったアメリカのスペースシャトルが乗員の死亡事故を起こし、長期にわたって打ち上げを中止しなくてはならなくなったことだ。2000年11月から3名の乗員がISSへ常駐していたのだが、事故後は2人へ削減され、組み立て作業も2002年11月のミッション以後中断。再開は2005年の7月まで持ち越された。2010年には、スペースシャトル・オービタが退役することになっている。NASAはISS計画の縮小も発表しているので、計画どおりに完成するかどうかは不透明といわざるをえない。

国際宇宙ステーション（ISS）

2010年の完成を目指して、アメリカ、ロシア、日本、カナダ、ESA（欧州宇宙機関）などが協力して建設を進めている宇宙ステーション

「ISS」完成予想図 → ISSを真上から見たときのサイズ（およそ108m×74m）は、国立競技場の芝生とほぼ同じ

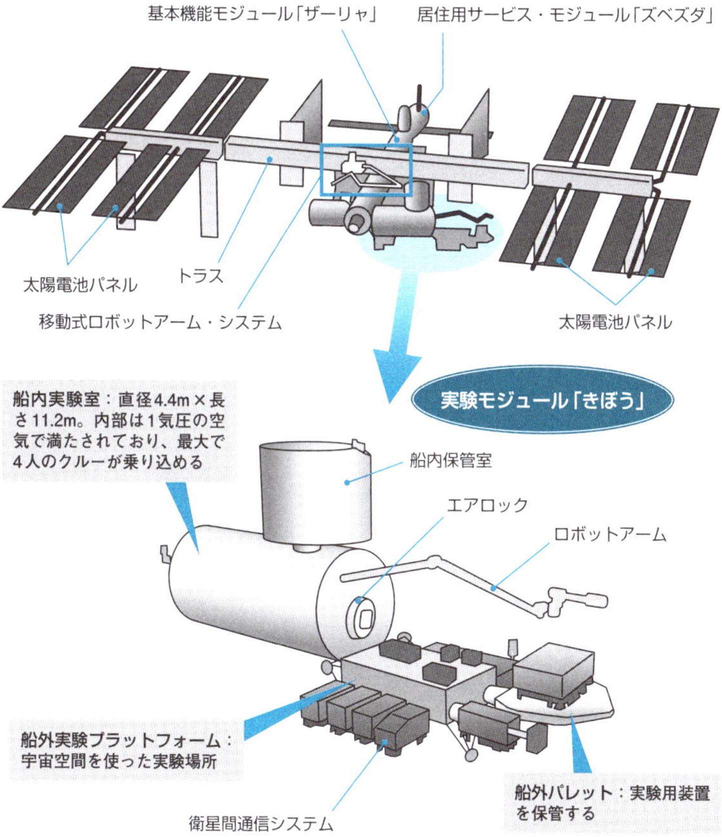

関連項目

●ミール→No.064
●スペースシャトル計画→No.028

No.066

神舟5号

Shenzhou 5

中国初の有人飛行を成功させた宇宙船。「ソユーズ」の技術に独自のアイディアを加えた堅実路線の宇宙船だ。

●42年ぶりの快挙

2003年10月15日、中国初の有人宇宙飛行船「神舟《シェンチョウ》5号」が、甘粛《カンスー》省の酒泉《チウチュアン》宇宙センターから打ち上げられた。「神舟5号」は3名の飛行士が乗れる構造だが、このとき搭乗していた飛行士は1名のみ。中国空軍の楊利《ヤンリー》偉《ウェイ》中佐だった。

打ち上げに使われたのは「長征《チャンチェン》2F型」ロケット。打ち上げの約10分後、ロケットから切り離された神舟5号は、まず地球上空の楕円軌道（高度約200～300㎞）へ乗る。続く軌道修正で高度343㎞の周回円軌道へ移動し、神舟5号は約21時間で地球上空を14周した。

その後、軌道船を分離した神舟5号の降下船は大気圏へ再突入し、パラシュートと軟着陸用の逆噴射エンジンを使って予定どおりに中国の内モンゴル自治区へ着陸した。楊中佐も無事に帰還を果たした。なお、軌道船はそのまま周回軌道を回りながら、搭載された赤外線カメラなどによる観測活動を続けたといわれている。

自国開発の宇宙船による有人宇宙飛行の成功は、ソ連とアメリカに次いで史上3番目。ソ連の**ヴォストーク1号**とアメリカの「**マーキュリー**・フリーダム7」は1961年に飛行しているので、中国の神舟5号は実に42年ぶりの快挙を達成したわけだ。このニュースは、宇宙開発へ向けた中国の熱意と着実な歩みを、あらためて世界に知らしめることになった。

その後も神舟宇宙船は実績を積み重ねる。神舟5号の2年後となる2005年10月12日に「神舟6号」が2名の飛行士を乗せて打ち上げられ、中国として2回目の有人軌道飛行に成功したのだ。2007年に予定されていた「神舟7号」の打ち上げは残念ながら2008年へ延期されるようだが、今後の神舟宇宙船の動向には引き続き要注目だ。

神舟5号

中国初の有人宇宙飛行船

ソ連、アメリカに次ぎ、有人宇宙飛行を自力で成功させた

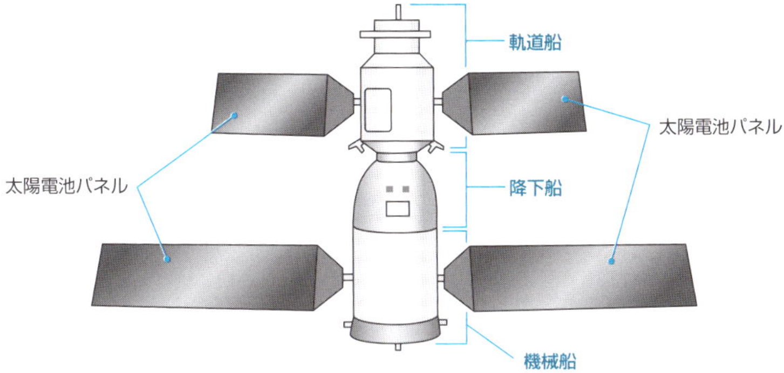

船体の形状は「ソユーズ」に似ている

「軌道船」の部分が大きく異なる

- 両側に広がる太陽電池パネルを備えている
- 降下船から切り離された後も人工衛星として約半年間にわたって周回軌道を飛行し続けることができる(「ソユーズ」の司令船は使い捨て式)

神舟5号のスペック	
全長	8.8m
最大直径	2.8m
打上時質量	7.6t
軌道船全長	3.2m
降下船全長	2m
機械船全長	3m

中国の月面探査プロジェクト「嫦《じょう》娥《が》計画」

嫦娥とは中国の伝説で月に住むといわれている仙女。その名をとった嫦娥プロジェクトでは、2007年に打ち上げが予定されている無人衛星「嫦娥1号」による月面探査を皮切りに、月周回軌道への衛星投入、月面への無人探査車送り込み、採取物の回収などが予定されている。さらに将来は、有人での月探査や月面への基地建設も計画されているらしい。

関連項目

●プロジェクト921-1・神舟→No.036
●ソユーズ→No.057
●ヴォストーク1号→No.051
●マーキュリー計画→No.024

No.067

スペースシップワン

SpaceShipOne

アメリカの民間企業によって開発された有人宇宙船。2004年の試験飛行で、最高高度100㎞に達する弾道飛行を成功させた。

●賞金1,000万ドルを獲得

2004年10月、画期的な偉業が成し遂げられた。民間資本によって企画、設計、建造された宇宙船「スペースシップワン」が、世界中から参加した26チームで競われていた「アンサリ・X《エックス》プライズ」コンテストの規定を最初にクリアする有人飛行を成功させたのだ。規定は、①高度100㎞以上に到達、②乗員3名に相当する重量を搭載、③同じ船体で、2週間以内に①②の条件を満たす有人飛行を2度行うというものだった。

スペースシップワンは、1名の操縦士と2名分相当の重りを積み、9月29日と10月4日の2度にわたって飛行。規定をクリアした最初の宇宙船に与えられる「アンサリ・Xプライズ」を受賞し、賞金1,000万ドル（約10億5000万円）を獲得した。また、国家計画や国家予算には頼らない民間主導による宇宙開発事業の大きな成果として、世界中から高い評価を得た。

アメリカの航空機開発会社であるスケールド・コンポジッツ社によって作られたスペースシップワンは、重さが約3t。液体酸化剤と固体推進剤を組み合わせたハイブリッド・ロケット・エンジンを搭載し、立てたり水平にしたりできる可変式尾翼を備えていた。自力で離陸する機能はもたず、「ホワイトナイト」という専用の親機につり下げられた状態で上空へ向かい、高度約15㎞で切り離されてから自機のロケット・エンジンに点火する飛行方法をとっていた。マッハ3前後にまで加速しながら上昇して高度100㎞に達したら、滑空しながら地上の滑走路へ戻るのだ。**X-15**などの飛行方法と基本的に同じである。この方法でスペースシップワンが高度約100㎞に到達する飛行を初めて成功させたのは、2004年6月21日のことだった。現在、スペースシップワンはワシントンD.C.にある「スミソニアン国立航空宇宙博物館」に展示されている。

スペースシップワン

アメリカの民間企業によって開発された有人宇宙船

「アンサリ・Xプライズ」コンテストの規定を最初にクリアする有人飛行を成功させた

コンテストの規定
・高度100km以上に到達
・乗員3名に相当する重量を搭載
・同じ船体で、2週間以内に上記の条件を満たす有人飛行を2度行う

◆スペースシップワンの機体

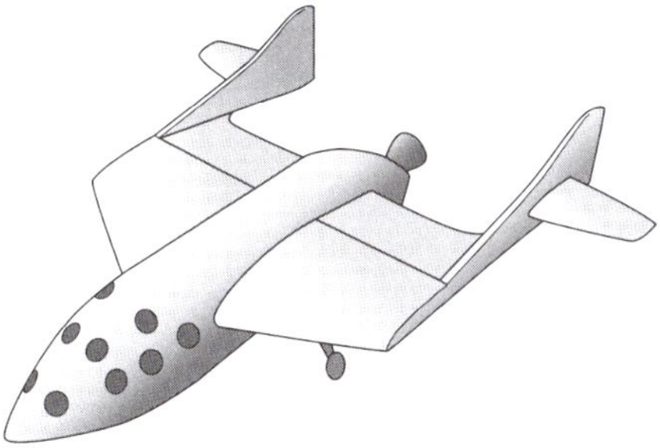

スペースシップワンのスペック	
乗員	1名（最大3名可）
全長	5m
翼幅	5m
胴体直径	1.52m
翼面積	$15m^2$
機体重量	1.2t

「アンサリ・Xプライズ」

もともとは「Xプライズ」という名前のイベントで、ピーター・ディアマンディス氏が会長を務めるXプライズ財団によって1996年に始められた。後に、財団の基金へ多額の資金を提供した女性資産家アニューシャ・アンサリ氏の名を冠して「アンサリ・Xプライズ」となった。ちなみにアンサリ氏は、2006年9月18日に費用を全額個人負担して「ソユーズ」ロケットに乗り、ISSへ滞在する4人目の個人観光客として話題になった人物だ。

2006年10月20日から開かれた「Xプライズ・カップ2006」では、月着陸船開発技術コンテスト「ルナランダー・チャレンジ」、垂直上昇ロケットの開発技術コンテスト「ヴァーティカル・ロケット・チャレンジ」、宇宙エレベーターの開発技術コンテスト「スペース・エレベータ・ゲームズ」などが催された。なお、これらのコンテストには、Xプライズ財団とNASAによって合計250万ドルにもおよぶ賞金が用意されていた。

関連項目

● X-15 → No.049

No.068

ペンシルロケット

Pencil Rocket

1955年に東京都国分寺市で初の発射実験が行われたロケット。平和利用を目的とした国産ロケットの起源といえる。

●日本のロケットの父は糸川英夫氏

第二次世界大戦中の日本では軍用ロケットの研究開発がさかんに行われていて、その水準は世界のトップレベルに達していた。しかし1945年の敗戦後、GHQは日本国内で行われていた航空科学関連の研究開発事業や教育事業を完全に停止させる措置をとった。措置が解除されたのは1952年。世界の航空技術は格段の進歩を遂げていて､7年に及ぶ空白期間があった日本は大きな遅れをとってしまった。

そんな中、東京大学生産技術研究所（東大生研）の糸川英夫教授を中心としたグループが着々とロケットの研究を進めていた。1957年に始まる国際地球観測年（IGY）で、ロケットによる世界各地の高層大気観測が予定されていた。日本も、その中の1か所を担当することが1954年に決定。観測のため、高度100㎞に達する飛行が可能な国産ロケットを開発するという、明確な目標が設定されていたのである。

1955年、糸川教授は超小型ロケットの発射実験を計画する。長さ23㎝、直径1.8㎝、重量200gの固体燃料ロケットは「ペンシルロケット」と呼ばれていた。ところが、ふつうに打ち上げてしまうと、当時の測定器具や技術では飛行状況を正確に測定することが難しかった。この問題は、ロケットを水平に発射する方法によって克服された。実験に使われたのは、国分寺駅近くの工場跡地に残っていた半地下式の施設である。大きな四角形の枠に紙と針金が貼られたスクリーンを飛行コースに立て、ロケットが次々に突き抜けていく瞬間を電気信号で捉えられるように工夫したのだ。

ペンシルロケットは後継の「ベビーロケット」、そしてIGYでの観測事業に使われた「カッパロケット」へと発展。「カッパロケット」はIGY以後も観測用ロケットとして使われた。

打ち上げられたロケットと「東京大学生産技術研究所」活動の歴史

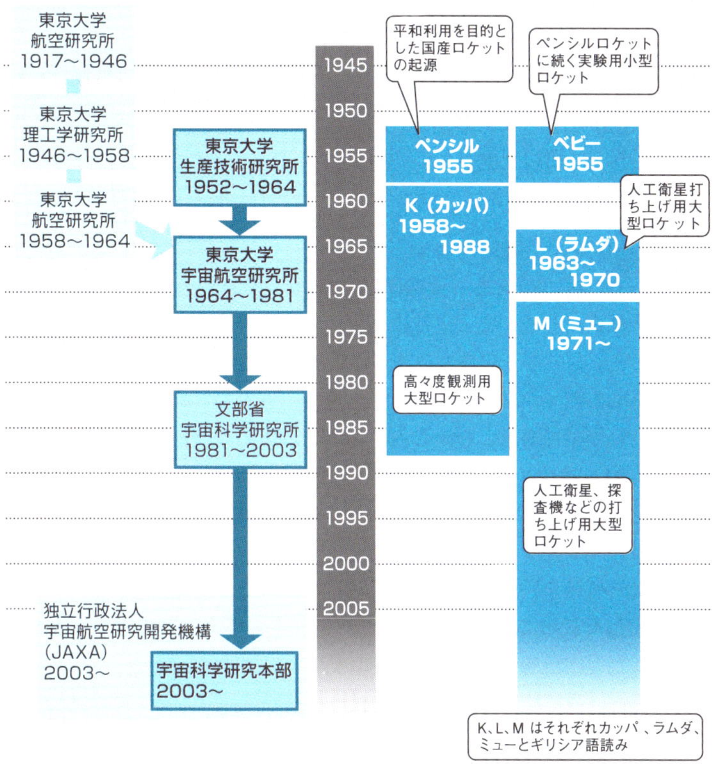

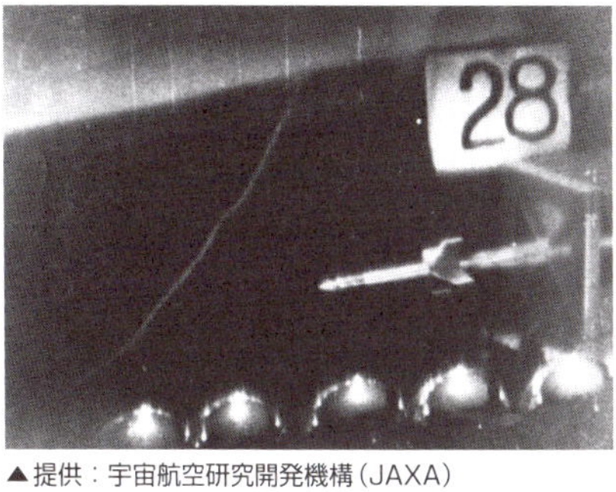

▲提供：宇宙航空研究開発機構（JAXA）

飛行するペンシルロケット
ペンシルロケットの飛行状況は高速度カメラでも撮影されていた。この写真は記念すべき初試射を捉えたものだ。

No.069

H-Ⅱロケット

H-II

主要な技術をすべて日本国内で開発することに成功した、大型の人工衛星打ち上げ用ロケット。

●日本初の純国産商用ロケット

「H-Ⅱ」ロケット1号は、開発開始から10年後の1994年に完成し、初の打ち上げに成功した。この成功は、日本の宇宙開発史に残る記念すべき出来事だった。「H-Ⅱ」に盛り込まれた主要な技術は、すべて日本国内で開発されたものだったからだ。商用衛星打ち上げ用の「純国産」ロケットが実用化されたのである。しかし、そこに至る道のりは長かった。

日本での本格的な人工衛星打ち上げ事業を管理運営するため、1964年に「宇宙開発事業本部」が当時の科学技術庁に設置された。これをきっかけに、日本のロケット技術をリードしてきた東京大学の研究グループは、純粋に科学研究を目的とする人工衛星、および打ち上げロケットの開発へと活動の的を絞っていくことになる。宇宙開発事業本部の事業は1969年に発足した「宇宙開発事業団（NASDA）」へと引き継がれた。

NASDAは商用衛星の打ち上げに使う液体燃料ロケットの独自開発を進めていたが、アメリカが示した技術供与の提案を受け入れ、ライセンス生産を行いながら技術を蓄積することに方針を変更。完成した「N-Ⅰロケット」で、1975年に試験衛星「きく」を打ち上げることに成功する。ロケットは「N-Ⅱ」「H-Ⅰ」と改良・大型化されていくが、これらはまだアメリカ製ロケットの焼き直しという印象がぬぐえないものだった。

1984年に2段式液体燃料ロケット「H-Ⅱ」の開発がスタート。1段目のエンジン開発難航など、さまざまな困難を乗り越え、予定の2年遅れで第1号は成功を迎える。以後、2～4号と6号も1997年までに連続で打ち上げに成功したが、1998年に5号、1999年には8号の打ち上げが失敗に終わる。結局、残る7号の打ち上げをキャンセルして「H-Ⅱ」の運用は終了。NASDAは後継となる「H-ⅡA」ロケットの開発に力を振り向けることになった。

H-Ⅱロケットと JAXA の歴史

H-Ⅱロケット

本格的に実用化された商用衛星打ち上げ用の「純国産」大型ロケット

▼提供：宇宙航空研究開発機構（JAXA）

種子島宇宙センターの発射台に据えられた「H-Ⅱ」ロケット1号機（打ち上げ前夜）

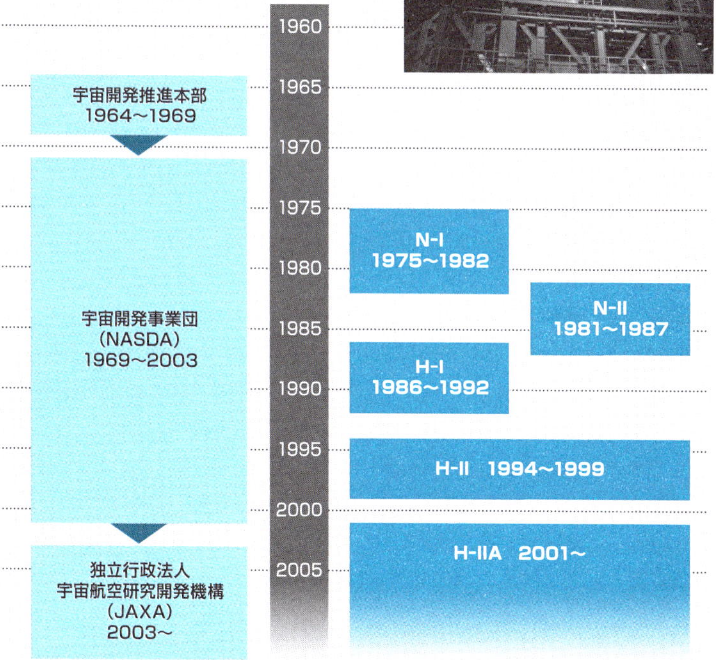

関連項目

●ふじ計画→No.034

●HOPE／HOPE-X計画→No.035

No.070

エネルギア

Energia

「ブラーン」（ソ連版スペースシャトル・オービタ）の打ち上げに使われた大型ロケット。試験飛行を含めて２度しか打ち上げられなかった。

●莫大な開発費がソ連の崩壊を早めた?!

「エネルギア」ロケットの開発計画は1976年に始まり、**ブラーン**の開発計画と並行して進められた。

エネルギアは、液体水素と液体酸素を推進剤とする主エンジンに、ケロシンと液体酸素を推進剤にした補助ブースタ（ウクライナ製の「ゼニット」ロケット）を組み合わせた大型ロケットである。

100 tにも及ぶペイロードを地球低軌道(LEO)と呼ばれる高度350～1,400㎞程度の上空へ運べる設計で、そのパワーは、LEOへ118tのペイロードを運ぶことが可能とされていたアメリカの「サターンV」ロケットに匹敵するものだった。ブラーンは90t程度の重量（自重約60t＋ペイロード約30t）になることが予定されていたので、エネルギアなら余裕をもって打ち上げることができる。

初の打ち上げ試験は、1987年5月15日にソ連の軍事衛星「ポリュス」をペイロードとして行われた。ポリュスの姿勢制御システムに問題が発生したため、結果的にポリュスは軌道に乗り損ねてしまう。しかし「エネルギア」ロケットの打ち上げ自体は大成功だった。翌1988年11月15日にブラーンをペイロードとして行われた打ち上げ実験も成功した。

初回から4回連続で打ち上げに失敗した「N-1」ロケットとは大違いの順調な滑り出しに見えたのだが、以後、エネルギアとブラーンが打ち上げられることはなかった。開発にかかる費用が大きくなりすぎていたのだ。ブラーン計画凍結とソ連の崩壊に伴い、エネルギアの開発も終了した。

なお、補助ブースタとして使われた「ゼニット」ロケットのほうは、後に改良型の「ゼニット3SL」へ進化。1999年から運用が始まり、人工衛星の打ち上げなどに活躍している。

「エネルギア」ロケット

「ブラーン」の打ち上げに使われた大型ロケット

↑

「エネルギア」ロケットの開発計画は、
「ブラーン」の開発計画と並行して進められた

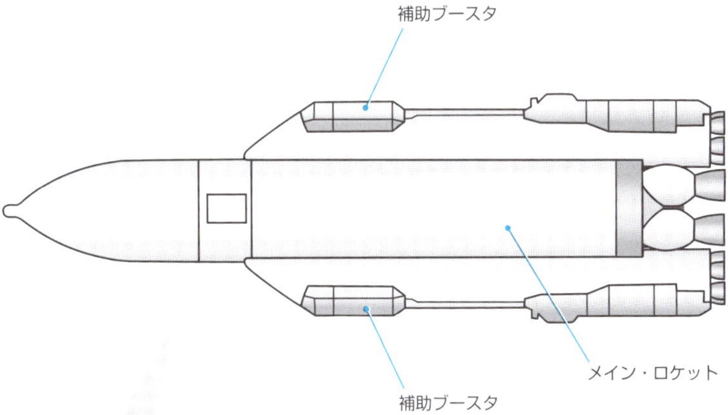

「エネルギア」の開発作業には、ソユーズL3計画で使われるはずだった「N-1」ロケットの開発施設が流用された

エネルギアのスペック		
	メイン・ロケット	補助ブースタ
全長	60m	38m
全幅	8m	4m（1基の最大径）
打ち上げ時重量	905t	385×4*=1,540t
推力	800t	806×4*=3,224t

＊：補助ブースタは合計4基

関連項目

●ブラーン計画→No.031

No.071

アリアン

Ariane

ヨーロッパ宇宙機構（ESA）が開発している一連のロケット。民間人工衛星の打ち上げで高い信頼性と実績を誇る。

●宇宙ビジネスをリードしてきた名機

フランスが「アリアン」ロケットの開発計画を提案したのは1973年のことだ。ドイツとイギリスを交えての検討が行われ、その年の末には計画が正式にまとまった。開発作業は、1975年に設立された「ヨーロッパ宇宙機構（ESA）」で進められることになった。

アリアン1号は3段式の液体燃料ロケットで、1.85tまでの人工衛星を地球上空の静止軌道へ打ち上げられるように設計されていた。初の打ち上げ実験は1979年に行われ、見事に成功した。2回目の打ち上げ実験では爆発してしまったものの、3回目と4回目の実験では連続の成功をおさめた。

1980年、ヨーロッパ12か国の企業53社が出資してアリアン・スペース社が設立された。開発後の「アリアン」ロケットを製造し、打ち上げ事業を運用する会社である。こうしてアリアン1号の5回目の打ち上げは初の正式な商用飛行となったが、打ち上げの約7分後にロケットの機能が停止し、失敗に終わる。しかし、その後は6度連続の成功。1985年に10回目の打ち上げで宇宙探査機「ジオット」、1986年には11回目の最終打ち上げで地球観測衛星「SPOT 1号」を送り出した。

アリアン1号の基本設計はアリアン4号まで引き継がれた。打ち上げ能力を強化した4号は商業的に成功をおさめ、アリアン・スペース社は人工衛星の打ち上げ市場で約50％にも及ぶシェアを獲得する。しかし、ロケット開発を進める国が増え、競争は激化。そこでESAは新設計のアリアン5号を開発した（1997年に初めて打ち上げ成功）。積載物の重量は約6t（改良型では10tを超える）。複数の大型衛星も同時に打ち上げられるパワーが特徴だ。当初は**エルメス計画**にも使われる予定だったが、計画が中止されたため、現在は商用人工衛星の打ち上げに専念中だ。

「アリアン」ロケット

商用人工衛星の打ち上げに高い信頼性と実績

◆開発の流れ

フランスが開発計画を提案 → ドイツとイギリスを交えて検討し、正式にまとまる → ヨーロッパ宇宙機構（ESA）が開発

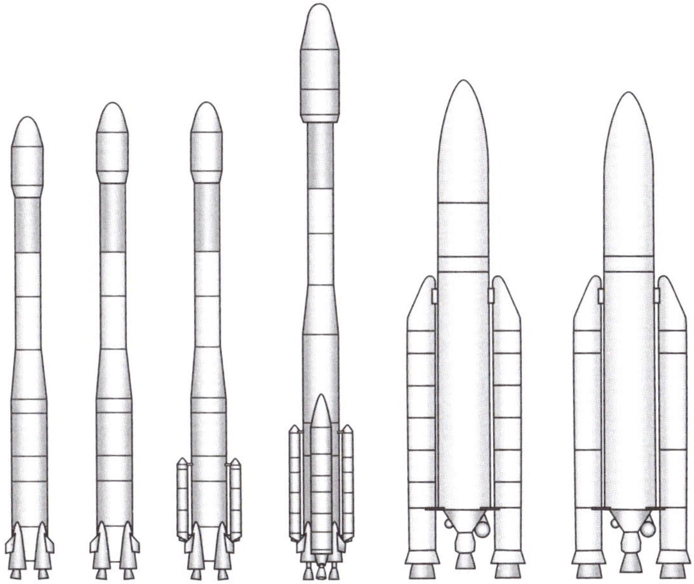

アリアン1　アリアン2　アリアン3　アリアン4　アリアン5　アリアン5改良型

名前の由来

「アリアン（Ariane）」とは、ギリシア神話に登場するクレタ王「ミノス」の娘「アリアドネ」の名前をフランス語でつづったものだ。フランス語式に読むと「アリアーヌ」である。ちなみに、アリアン・スペース社の本社はフランスのパリにある。フランス企業の出資比率も50%以上と他国を大きく引き離している。

関連項目
●エルメス計画→No.033

No.072

タイタン

Titan

アメリカの人工衛星打ち上げ用ロケット。1959年の初打ち上げから2005年の引退まで、ファミリーとなる機種が活躍を続けた。

●46年間にわたって368回も打ち上げられた大型ロケット

「タイタン」は、もともと米空軍用に開発された大陸間弾道ミサイル(ICBM)だ。初代のタイタンⅠから最終のタイタンⅣまで、タイタン・ファミリーと呼ばれる各種の派生モデルが開発された。「タイタン」という言葉はギリシア神話に登場する巨神族を意味し、土星最大の衛星に付けられている名前としてもよく知られている。

初代のタイタンⅠは、推進剤にケロシンと液体酸素を利用する2段式のミサイルだった。1955年に開発が始まり、1959年に初の打ち上げが行われている。続くタイタンⅡは1963年に実戦配備された。やはり2段式で、推進剤には四酸化二窒素とエアロジン-50が用いられていた。

タイタンⅡはNASAの**ジェミニ計画**に打ち上げ用ロケットとして採用され、有人宇宙船の打ち上げ用に安全システムを追加した「ジェミニ・タイタン」ロケットとなる。1964年には無人宇宙船ジェミニ1号の打ち上げに成功し、有人宇宙船(3～12号)はすべて「ジェミニ・タイタン」で打ち上げられた。タイタンⅡを拡張する形で開発されたタイタンⅢシリーズは、「トランステージ」や「アジェナ」などのロケット・エンジンを3段目として追加したり、固体燃料ブースタを追加したりすることで、打ち上げ能力が強化された。タイタンⅢEはNASAの火星探査機「バイキング」や無人惑星探査機「ボイジャー」の打ち上げに使われている。

最終モデルとなったタイタンⅣは、3段式液体燃料ロケットに2基の固体燃料ブースタを組み合わせたロケットで、大型の人工衛星も打ち上げられるパワーがあった。初の打ち上げは1987年で、最後の打ち上げは2005年。1997年に土星探査機「カッシーニ」の打ち上げを成功させている。後継は、2002年に運用が始まっていた「アトラスV」ロケットだ。

人工衛星打ち上げ用大型ロケット「タイタン」

もともとは米空軍用に開発された大陸間弾道ミサイル（ICBM）

打ち上げ回数：368回

1959年：初打ち上げ
タイタンⅠ

→

2005年：引退
タイタンⅣ

タイタンⅡ　タイタンⅢ

↓

ジェミニ計画に打ち上げ用ロケットとして採用され、
有人宇宙船の打ち上げ用に安全システムを追加

↓

ジェミニ・タイタン

「ジェミニ・タイタン」の元になった「タイタンⅡ」は、長きにわたってICBMとして実戦配備されていたが、1987年に退役。以後は2003年まで人工衛星の打ち上げ用ロケットとして使われた。

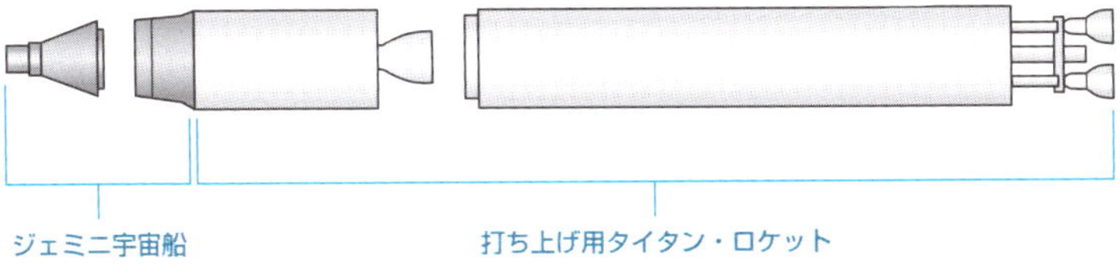

タイタンⅡのスペック	
全長	31.4m
最大径	3.05m
打ち上げ時重量	15.4t
低軌道への打ち上げ能力	3.6t

関連項目

●ジェミニ計画→No.025

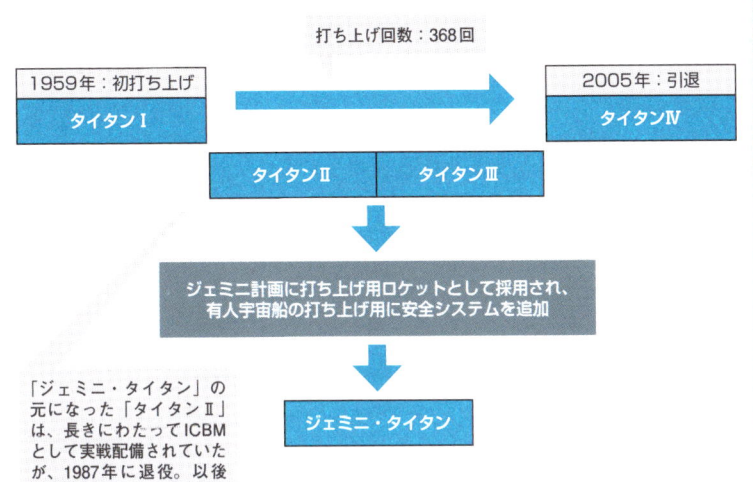

打ち上げ用ロケットに多段式ロケットが多い理由は

ロケット・エンジンを1つだけ使うロケットは「単段式（1段式）」ロケットと呼ばれる。これに対して、複数のロケット・エンジンを組み合わせた構成のロケットは「多段式」ロケットと呼ばれている。現在、世界各国で使われている主な打ち上げ用ロケットのほとんどが2段、または3段の多段式である。

打ち上げ用のロケットの主な役割は、人工衛星や有人宇宙船などのペイロードを地球周回軌道へ到達させると同時に、軌道を回り続けられるだけの速度へ加速してやることだ。ペイロードの重量がうんと軽ければ、既存の単段式ロケットでもこれらの仕事をこなすことはできる。しかし、大型衛星や宇宙船の打ち上げには力が足りず、十分な速度を得られないのである。

「No.041」でも取り上げたとおり、ロケット・エンジンによって得られる推進速度の計算式は「ツィオルコフスキーの公式」と呼ばれている。公式によると、ロケット・エンジンで大きな速度を得る方法は2つあることが分かる。ひとつは推進剤の燃焼によるガスの噴射速度を上げること。もうひとつは質量比を大きくすること（打ち上げ後のロケット重量が、打ち上げ直前よりもできるだけ軽くなるようにすること）である。

単純なことのように思えるが、いずれの方法もロケット・エンジンが1つだけの単段式(1段式)ロケットで実現しようとすると非常にたいへんだ。1つ目の「ガスの噴射速度を上げる」方法は、推進システムそのものの性能を根本的に向上させなければならない。2つ目の「質量比を大きくする」方法も、搭載できる推進剤の量を増やしつつ、ロケット本体はさらに軽量化しなければならない。このどちらにおいても現行のロケットは非常に高いレベルに達しており、さらに改良を加えるには技術的な困難を数多く克服する必要がある。開発コストも莫大になるだろう。

このような問題を解決してくれるのが多段式の考え方である。たとえば、2基のロケット・エンジンを垂直に積み重ねて2段式ロケットを作ったとする。ロケットを直立させた状態のとき一番下に来る部分は1段目、その上を2段目（最終段）と呼ぶ。ペイロードは最終段のてっぺんに搭載されるのが一般的だ。打ち上げるときは、まず1段目を噴射して上昇。1段目は推進剤がなくなった時点で切り離され、2段目のロケット・エンジンに点火してさらに加速する。不要になった段を切り離すことでロケットの質量を減らせるため、単段式よりも質量比をぐんと大きくすることが可能で、結果として効率よく速度を得られるわけだ。単段式ロケットの性能を無理矢理に上げようとするよりも、ずっと現実的な解決策といえよう。

なお、多段式ロケットの各段を「ステージ」、多段式の構成を「ステージング」ともいう。また、単段式ロケットの周囲に補助ブースタを組み合わせたような構成のロケットは1.5段式と呼ばれることもある。

第4章
輝く星々の彼方へ

No.073

インペリアル・スター・デストロイヤー

Imperial Star Destroyer

スペースオペラ映画の代表作「スター・ウォーズ」シリーズに登場する銀河帝国宇宙軍の主力戦艦。独特の形状が忘れ難い印象を与える。

●銀河帝国の象徴

銀河共和国末期のクローン大戦時、共和国軍の主力艦となったクワット・ドライブ・ヤード社製のアタック・クルーザー、ヴェネター級スター・デストロイヤーの延長上にある銀河帝国宇宙軍の主力艦。四角錐を菱形に押しつぶしたような独特の形状は、スター・デストロイヤーの名を冠する艦船に共通するフォルムである。全長は1.6kmに及び、35,000人を超える操縦要員のほか、ストームトルーパー1個師団を含む1万人近くの兵員を輸送可能である。その楔《くさび》を思わせる鋭角的なフォルムと圧倒的な巨大さにより相対する者たちの心に畏怖《いふ》の念を強く焼き付けるインペリアル・スター・デストロイヤーこそは銀河帝国のシンボルである。強力なレーザー・キャノンやトラクター・ビーム発射装置などの光線砲を10基単位で装備するほか、10機単位の艦載機を収容しており、1隻のみでも惑星文明を滅ぼし尽くすことが可能な、文字どおりの意味での「星の破壊者」なのだ。

通常はこのインペリアル・スター・デストロイヤーを旗艦とする艦隊が編成され、銀河に遍《あまね》く帝国の恐怖と威信とを知らしめるためそれぞれ独立した戦略のもとに運用が行われている。このインペリアル級のスター・デストロイヤーのさらに8倍近くも巨大なスーパー級スター・デストロイヤーが存在し、暗黒卿ダース・ベイダーの乗艦である「エグゼキューター」をはじめ、4隻が確認されている。帝国宇宙軍の旗艦であるこのクラスになると、強力な防御シールドと、艦体の表面を覆うハリネズミのような武装に護られ、近づくことすらもままならないが、帝国と反乱同盟軍の勝敗を分けたエンドアの戦いにおいて、反乱同盟軍のAウィングが唯一の弱点ともいえるむき出しのブリッジに特攻したため操艦不能となり、惑星規模の攻撃兵器、第2デス・スターに突き刺さって轟沈《ごうちん》した。

スター・デストロイヤーの比較

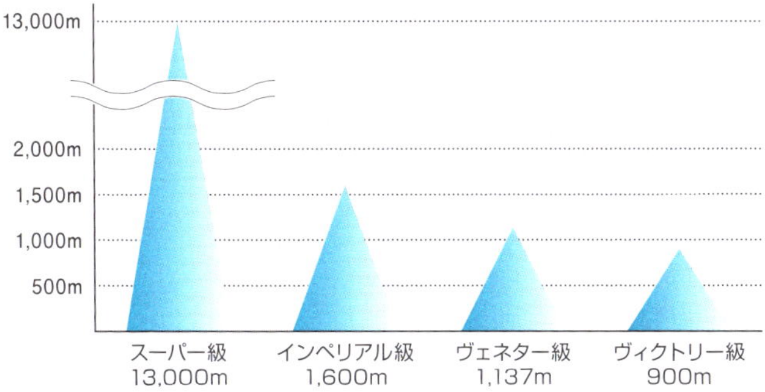

暗黒卿とスター・デストロイヤー

帝国の恐怖と威信とを知らしめる巨大戦艦スター・デストロイヤー。

かの暗黒卿ダース・ベイダーは、最初に完成したスーパー級スター・デストロイヤー（エグゼキューター）を皇帝から下賜《かし》され、専用の旗艦としている。ダース・ベイダーは5隻のインペリアル級スター・デストロイヤーを率い反乱同盟軍殲滅《せんめつ》の任に就いている。

スター・デストロイヤーの変遷

銀河共和国時代建造

ヴェネター級
銀河共和国末期のクローン大戦時、共和国軍の主力艦となった。別名「リパブリック・アタック・クルーザー」

▼

ヴィクトリー級
クローン大戦の末期に製造された大型戦艦。インペリアル級登場まで帝国艦隊の中心を担う

▼

銀河帝国時代建造

インペリアル級
1隻のみでも惑星文明を滅ぼし尽くすことが可能な「星の破壊者」。銀河帝国のシンボル

▼

スーパー級
帝国軍の無敵にして最新鋭の戦艦。エンドアの戦い後も残存する帝国軍により建造が続けられている

初出作品データ（日本語版）

●映画『スター・ウォーズ』　ジョージ・ルーカス 監督　1978年　20世紀フォックス

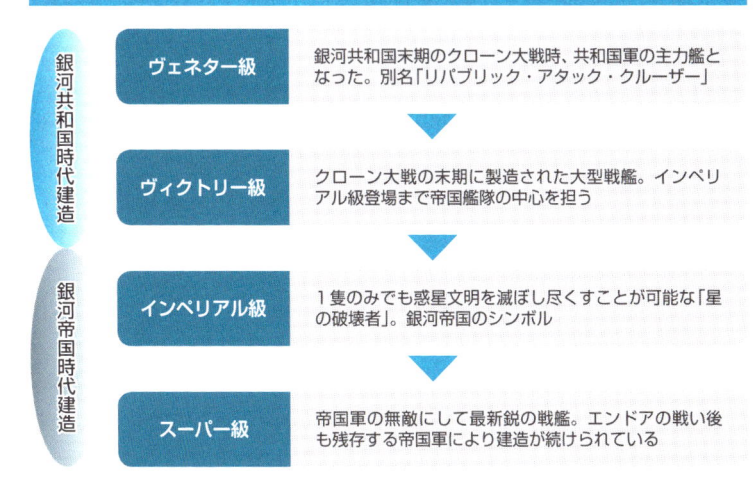

No.074

ミレニアム・ファルコン

Millennium Falcon

ジョージ・ルーカスのライフワーク「スター・ウォーズ」シリーズに登場した左右非対称の高速宇宙船。

●ガラクタのかたまり

帝国宇宙軍と反乱同盟軍の間の長き戦いの帰趨《きすう》を決した2つの会戦、「ヤヴィンの戦い」と「エンドアの戦い」の勝利に多大なる貢献を果たしたコレリア星系人の無法者ハン・ソロ——後に反乱同盟軍の将軍となる英雄の乗機として知られる銀河有数の高速宇宙船。通称「銀河系最速のガラクタ」。

コレリアン・エンジニアリング社製のYT-1300貨物艇をベースとする改造船で、ガス惑星ベスピンの空中都市クラウド・シティの市長の座に収まっていた元賭博《とばく》師（後にハン・ソロと同じく反乱同盟軍の将軍）、ランド・カルリジアンとのサバックの賭けに勝ってハンが巻き上げた後は、その言語道断なまでの快速を生かした密輸船になっていた。全長26.7m。円盤状の中央の右舷《うげん》にせり出すような形で円筒型のコクピットが設置されている左右非対称の特徴的な形状の船で、密輸という用途の後ろ暗さから左舷上部に精度の高い大型レーダーが取り付けられており、帝国宇宙軍の追跡対象となった後は、幾度となく危地を切り抜けることができた。

推進機関はクラス0.5ハイパードライブで、超光速での航行が可能。主兵装は4連レーザーキャノン2門とコンカッション・ミサイルランチャー2門。このほか、着陸時に使用可能なブラスターキャノンを1門装備しているなど、貨物船をベースにしているとは思えない重武装の船であり、むしろ宇宙戦闘艦と呼ぶべきかも知れない。ヤヴィンの戦いではルーク・スカイウォーカーのXウィングをマークしていた暗黒卿ダース・ベイダーの搭乗するTIEファイターを奇襲してデス・スター破壊を援護し、エンドアの戦いの際にはかつての所有者であるランド・カルリジアン男爵に託され、惑星エンドアの軌道上に設置された第2デス・スター攻撃部隊のリーダー機となったことからも、その優れた戦闘能力は明らかである。

伝説的宇宙船へ

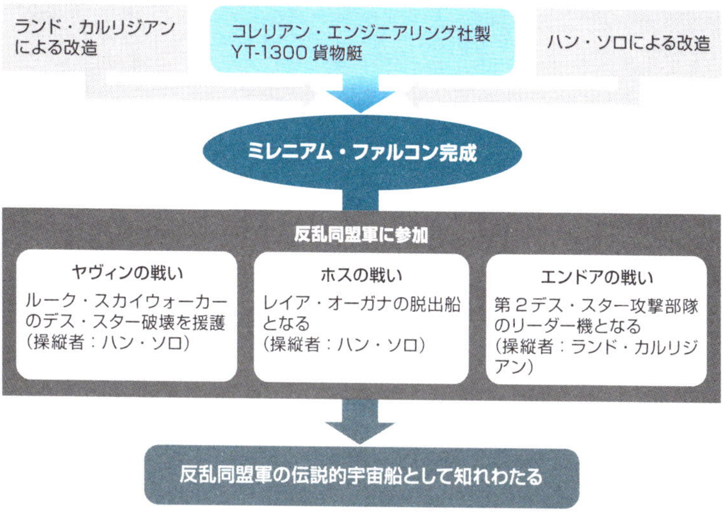

同時代の宇宙船の速度

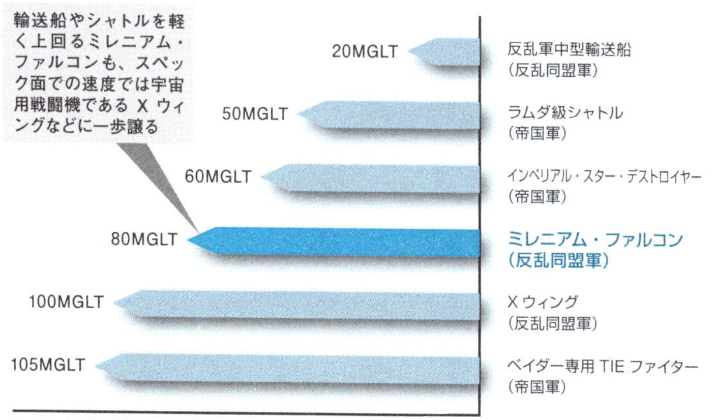

MGLT：宇宙空間での速度単位
1MGLT＝4,000 億km / 秒

初出作品データ（日本語版）

●映画『スター・ウォーズ』　ジョージ・ルーカス 監督　1978年　20世紀フォックス

No.075

NCC-1701 エンタープライズ

NCC-1701 Enterprise

「スタートレック」シリーズの最初の作品『宇宙大作戦』に登場する恒星間宇宙船。艦名は幾つもの宇宙船に受け継がれている。

●深宇宙へ

U.S.S.エンタープライズは、惑星連邦の宇宙艦隊に所属するコンスティテューション級恒星間宇宙船の1隻として地球のサンフランシスコ造船所で建造され、地球暦2245年に完成。ロバート・エイプリルを初代として、ジェイムス・T・カークやスポックなど、5人の船長に指揮され、幾多の調査飛行に参加した。

後方に向かってゆるくテーパーをつけて絞られた、第2船体と呼ばれる機関部の後方左右に、細長い円筒状のワープナセルと呼ばれるワープドライブ格納ブロックが並行に伸び、それぞれ1本ずつのパイロンで第2船体と左右斜め上方に位置するように連結され、さらに第2船体の上前方に巨大な円盤状の第1船体と呼ばれるブロックが斜めに突き出した船体によって結合されるという、非常に特徴的な構造の船体を備えていた。この特異な形状は、緊急時には円盤部が分離して脱出するという使用目的と、第2船体の前面に装備された防御用メイン・デフレクター盤などにかかわる技術的な制約等から導き出されたものであった。本船の乗員はおよそ400名で、船内は23層のデッキで構成されている。動力源としてダイリチウム結晶を用いた物質／反物質エンジンを搭載し、ここから供給される莫大《ばくだい》なエネルギーを使用して、亜光速での通常航行に用いるインパルス・エンジン（円盤部後方）やワープドライブを駆動、その急激な加速に伴う大きなGを緩和するため、他の一般的な宇宙船と同様に慣性制御フィールド（IDF）もあわせて搭載。なお、物質／反物質エンジンの故障時にはバッテリーが利用可能であり、これにより通常1週間程度作戦行動可能であった。

本船は2285年、クリンゴンとの絶望的な戦闘の最中、前船長であるジェイムス・T・カーク提督の自爆命令により破壊された。

NCC-1701の主な艦暦

2245年	コンスティテューション級恒星間宇宙船の1隻として地球のサンフランシスコ造船所で建造、就航
2264年	ジェイムス・T・カーク艦長による深宇宙探索の航海へ
2269年	深宇宙探索の航海より帰還、ドックにて改修作業を受ける
2271年	地球に接近する巨大な物体の調査のため出港
2285年	クリンゴンとの戦闘の最中、ジェイムス・T・カークの自爆命令により破壊

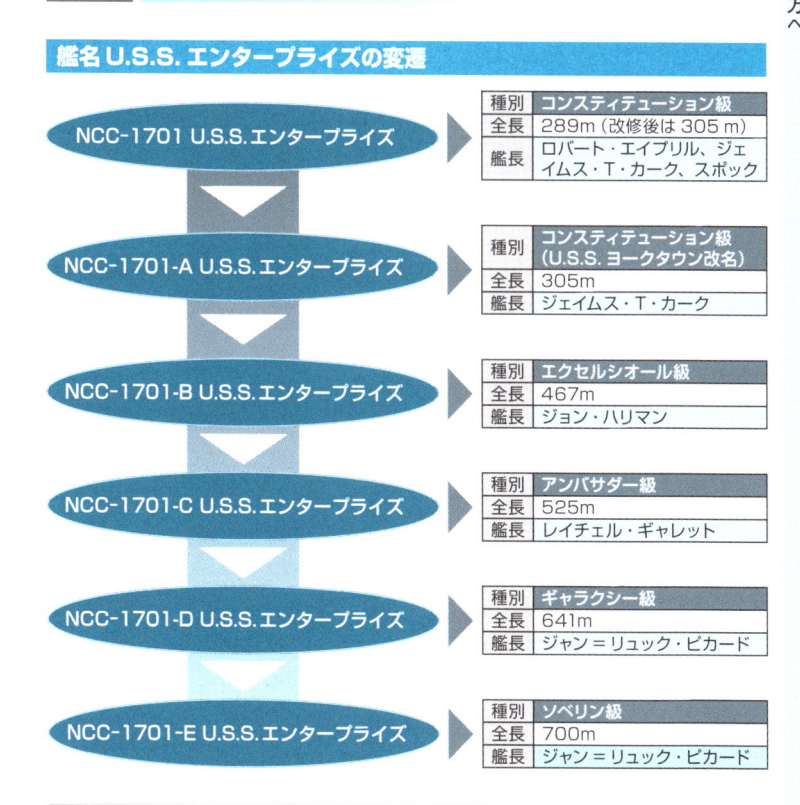

艦名U.S.S.エンタープライズの変遷

NCC-1701 U.S.S.エンタープライズ

種別	コンスティテューション級
全長	289m（改修後は305m）
艦長	ロバート・エイプリル、ジェイムス・T・カーク、スポック

NCC-1701-A U.S.S.エンタープライズ

種別	コンスティテューション級（U.S.S.ヨークタウン改名）
全長	305m
艦長	ジェイムス・T・カーク

NCC-1701-B U.S.S.エンタープライズ

種別	エクセルシオール級
全長	467m
艦長	ジョン・ハリマン

NCC-1701-C U.S.S.エンタープライズ

種別	アンバサダー級
全長	525m
艦長	レイチェル・ギャレット

NCC-1701-D U.S.S.エンタープライズ

種別	ギャラクシー級
全長	641m
艦長	ジャン＝リュック・ピカード

NCC-1701-E U.S.S.エンタープライズ

種別	ソベリン級
全長	700m
艦長	ジャン＝リュック・ピカード

初出作品データ（日本語版）

●TVドラマ『宇宙大作戦』　1969年　パラマウント・ホーム・エンタテインメント・ジャパン

No.076

SDF-1 マクロス

SDF-1 MACROSS

『超時空要塞マクロス』に登場する、艦内に市民の暮らす市街地のある巨大宇宙戦艦。艦の存在はやがて異星人を地球に招き入れることとなる。

●ブービートラップ

西暦1999年7月に南太平洋上の南アタリア島へ墜落した、異星文明の宇宙船（ASS-1）を調査・修復して2009年2月に完成した、統合宇宙軍所属の巨大恒星間宇宙戦艦である。その墜落で地球人類が得たオーバー・テクノロジーは、科学技術の大きな発展と人類の大きな飛躍に多大に寄与し、異星文明の存在認識は、人類に統合政府樹立を急がせる主因となる。

本艦はモジュール構成によるブロック構造の艦体に、主動力炉やフォールド機関、それに長大な主砲を搭載する超大型艦であり、後にはそのブロック構造を応用した、トランスフォーメーションと呼ばれる砲戦形態（強攻型）が考案された。全長1,200mにおよぶ艦内には、万人単位の人員が生活できる都市規模の居住空間が用意されていたが、本来の異星文明軍の艦艇としては中規模の砲艦であったと推定されている。

主動力源は巨大な熱核融合反応炉。これにより主砲、重力制御システム、そしてフォールドシステム（超時空空間転移装置）などのオーバーテクノロジー由来の機器群を動作させたが、主砲は仕掛けられていたブービートラップの発動で発射され、ゼントラーディ軍との開戦の原因となる。重力制御システムは調整不足から進宙直後に艦体を突き破って飛び去り、フォールドシステムは初動作時に暴走し、本来の到達地点とはまったく別の地点（冥王星付近）に本艦を出現させたうえでフォールドシステム本体が消失するという事故を引き起こすなど、さまざまな厄災の種となった。

この結果、地球製推進システムによって地球への帰還を目指すこととなり、初代艦長であるブルーノ・J・グローバル准将の指揮の下、フォールド時に巻き込まれた南アタリア島の一般市民5万8千人を収容し、ゼントラーディ軍との交戦を重ねつつ、2009年11月にようやく地球へ帰還した。

地球人類と異星人のサイズ

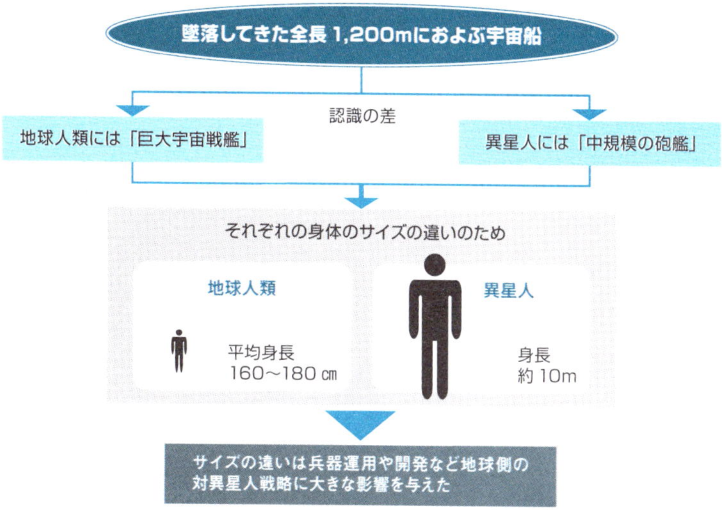
墜落してきた全長 1,200mにおよぶ宇宙船
認識の差
地球人類には「巨大宇宙戦艦」
異星人には「中規模の砲艦」
それぞれの身体のサイズの違いのため
地球人類
平均身長
160～180 ㎝
異星人
身長
約 10m
サイズの違いは兵器運用や開発など地球側の
対異星人戦略に大きな影響を与えた

人類の手に余るオーバーテクノロジー

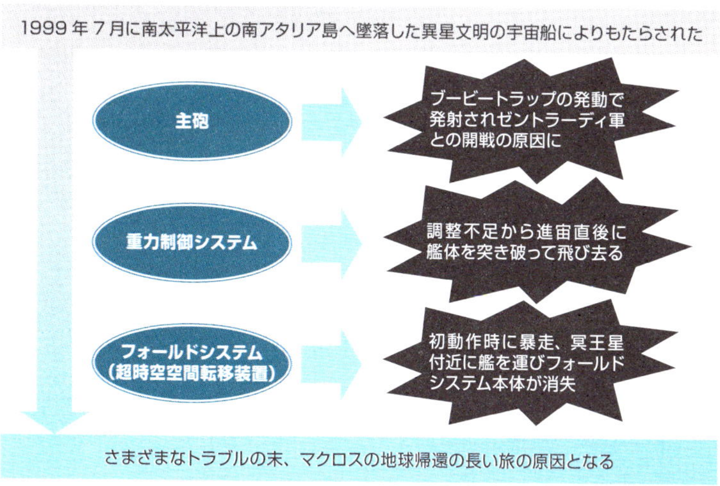
1999 年 7 月に南太平洋上の南アタリア島へ墜落した異星文明の宇宙船によりもたらされた
主砲
ブービートラップの発動で
発射されゼントラーディ軍
との開戦の原因に
重力制御システム
調整不足から進宙直後に
艦体を突き破って飛び去る
フォールドシステム
(超時空空間転移装置)
初動作時に暴走、冥王星
付近に艦を運びフォールド
システム本体が消失
さまざまなトラブルの末、マクロスの地球帰還の長い旅の原因となる

初出作品データ

●TVアニメ『超時空要塞マクロス』　1982年　スタジオぬえ／ビックウエスト

No.077

宇宙戦艦ヤマト

Space Battleship YAMATO

1970年代、日本に社会現象とまでいわれたSFブームを巻き起こした『宇宙戦艦ヤマト』。幾度となく地球を救った不死身の宇宙戦艦である。

●さらば地球よ

1945年の菊水作戦で九州・坊ヶ崎沖に沈没した超弩級《どきゅう》戦艦「大和」をもとに建造された、人類初の恒星間航行能力を備える宇宙戦艦。

形式名はM-21991式宇宙戦艦といい、同型艦は存在しない。本来はガミラス軍による遊星爆弾攻撃からわずかな数の人類や生命種を他星に逃がすノアの箱船として、ガミラス軍の目から逃れるようにして、密かに建造が開始されたものであるが、イスカンダル星のスターシャより届けられたメッセージに従って設計変更され、強力な戦闘能力と長大な航続能力を備える宇宙戦艦として再生された。その主動力源はイスカンダル星より供与された設計図に従い製作された波動エンジンであり、空間短縮を実現するワープ航法と艦首波動砲と呼ばれる強大なエネルギー放射兵器の搭載が実現している。主兵装には旧大和級戦艦の配置を踏襲して背負い式に配置された3連装ショックカノンが用いられ、他に補助兵器としてミサイルや、パルスレーザー砲などが搭載されている。艦内に多数の艦載機を搭載し、艦底部や艦尾からの離着艦という、宇宙戦艦ならではの方式によって合理的な作戦運用を可能としている。また、同様に航海を担当する第三艦橋も艦底部に追設されており、海上航行型艦艇の形状を継承しながら、三次元機動を行う宇宙艦艇として必要な視界確保を実現している。この第三艦橋はその位置から最も破壊される頻度が高く、航行上欠くべからざる機能を担っていたためにすぐさま修理が行われ、「不死身の第三艦橋」と謳《うた》われた。艦首搭載の波動砲の威力は絶大であり、竣工《しゅんこう》直後に実施されたワープ試験時には、木星の浮遊大陸を一撃で粉砕し、対ガミラス帝国戦ではその威力をいかんなく発揮した。

幾度となく地球を救ったヤマトの魂は、1000年後にも受け継がれている。

イスカンダルへの旅

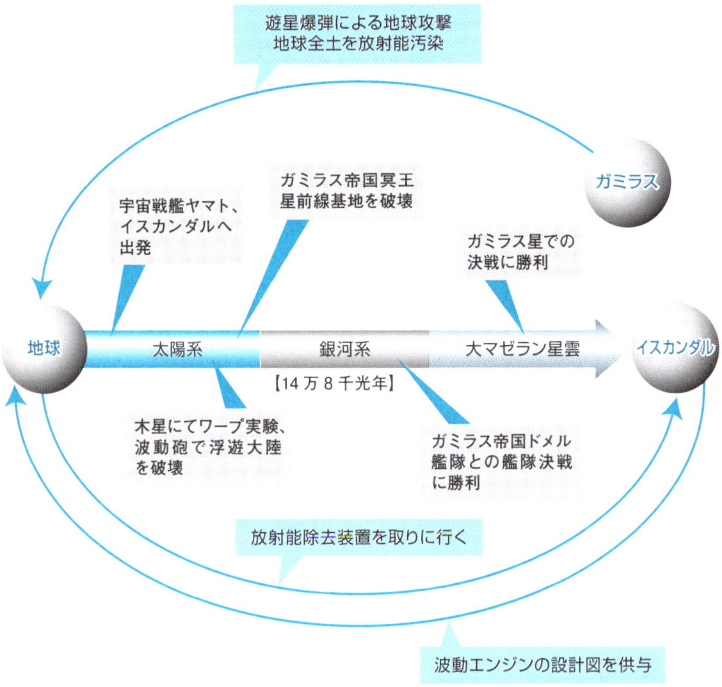

波動エネルギーの利用

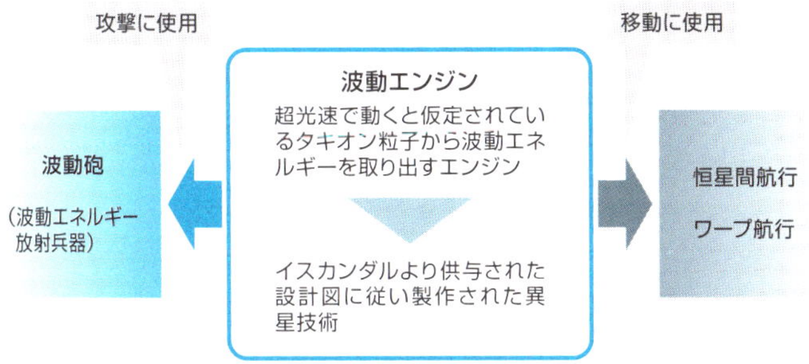

初出作品データ

●TVアニメ『宇宙戦艦ヤマト』　1974年　東北新社

No.078

ペガサス級強襲揚陸艦

Amphibious assault ship Pegasus class

『機動戦士ガンダム』にてニュータイプ部隊とされたホワイトベースをはじめとした地球連邦軍の強襲揚陸艦。

●殊勲艦ホワイトベースのカテゴリー

ペガサス級強襲揚陸艦は、V作戦のRX計画に合わせて地球連邦軍が設計・建造した、同軍初の人型機動兵器「モビルスーツ」の対応艦である。将来的な発展に備え、居住ブロックを中心に、発艦用カタパルトを備えるモビルスーツデッキ部と機関部を前後左右に取り付けた特徴的な艦影で知られ、このため建艦順では2番艦、就役順では1番艦となるホワイトベースは、敵であるジオン公国軍から「木馬」のコードネームで呼ばれた。

主推進機は後方左右の機関部に搭載された2つの4連装熱核ハイブリッド・エンジンによる従来型システムであるが、これとは別に大気圏内では散布されたミノフスキー粒子による反発力を利用した、ミノフスキー・クラフトと呼ばれる疑似半重力機関を搭載しており、これを併用することにより、大気圏内でも宇宙空間と同様に航行が可能、自力での大気圏離脱・大気圏突入も可能となっている。モビルスーツデッキ部は建造を進めるにつれて改良が繰り返されて形状が変更されており、着艦時にアームが帰還機をつかんで回収するという乱暴な着艦システムから、折りたたみ式カタパルトを着艦時にも使用可能とするところまで進化している。

これらの特徴の裏返しとして、ペガサス級は戦闘艦艇としては固定武装が少なく、艦体中央部の左右に配された2基の連装式偏向型メガ粒子砲と、2基の880㎜連装砲を除けば、事実上自衛のための対空機銃とミサイル類しか武装がない、という極端なモビルスーツ偏重設計となっており、しかも一種の実験艦として連邦軍の標準からは外れた、規格外の特殊な機器を満載しているため、歴代の本級艦長はいずれもその運用にあたって並々ならぬ労苦を強いられたという。ペガサス級はホワイトベースをはじめ殊勲艦が多いことでも知られている。

ペガサス級の特徴

ペガサス級強襲揚陸艦

武装
- 連装式偏向型メガ粒子砲
- 880㎜連装砲
- 対空機銃・ミサイル

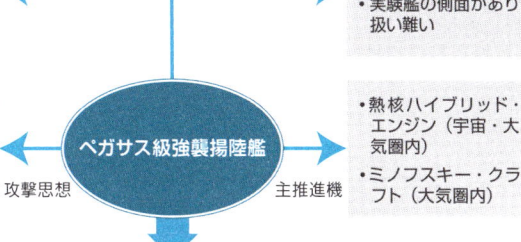

運用
- 極端なモビルスーツ偏重設計
- 実験艦の側面があり扱い難い

攻撃思想
- 搭載モビルスーツによる打撃

主推進機
- 熱核ハイブリッド・エンジン（宇宙・大気圏内）
- ミノフスキー・クラフト（大気圏内）

記録に残るペガサス級の艦名
- ペガサス
- ホワイトベース
- グレイファントム
- サラブレッド

殊勲艦ホワイトベースの艦暦

ジオン公国軍との戦争に参加した地球連邦軍のペガサス強襲揚陸艦２番艦

建造後、スペースコロニーのサイド７に入港 → ジオン公国軍との戦闘で正規の乗員を多数損失

↓

追撃を振り切り大気圏突入、地球へ降下 → 北米・中央アジアでの戦闘に参加

↓

地球連邦軍本部ジャブローにて改装 → 第13独立部隊に編入
ジオン公国軍に対する囮《おとり》となる

↓

宇宙要塞ソロモン攻略戦に参加 → 搭載モビルスーツが要塞司令官を撃破

↓

宇宙要塞ア・バオア・クー攻略戦に参加 → 戦闘中に要塞へ乗り上げ、のち爆沈

初出作品データ

●TVアニメ『機動戦士ガンダム』　1979年　創通エージェンシー／サンライズ

No.079

サンダーバード３号

Thunderbird 3

人形劇による特撮TVシリーズ『サンダーバード』の魅力的なマシンのなかで、常に宇宙と地球を往復している原子力ロケット。

●宇宙を往くサンダーバードマシン

月面着陸を果たした元宇宙飛行士にして大富豪のジェフ・トレーシーにより、地球上のあらゆる災害から人命を救助するために創設された国際救助隊（International Rescue）が保有する大気圏外救助活動専用機である。パイロットはトレーシー兄弟の末弟であるアラン・トレーシーで、通常時は宇宙ステーションであるサンダーバード5号への連絡輸送に使用される。

本機は全長87.48m、自重562tの単段式原子力ロケット機であるが、その推力は合計で2,000tとされ、サターンV型の第1段に使用されたF1エンジンが5機でようやく3,400tの推力を、それも150秒に限って得ていたことを考えると単段式ロケット機としては破格の高出力である。

この大推力によって補助ロケットやブースタを一切装備せずに自力で大気圏離脱を可能としたほか、無補給で長期間の行動を可能とする原子炉の搭載により、単独で月への往還を可能とするという、驚異的な航続力も併せもつ。

原子炉を動力源とすることで長期ミッションを安定的に可能とするその設計コンセプトは、サンダーバード1・2号と共通するものであり、続くサンダーバード4・5号においても、それぞれ核融合炉、原子力電池が搭載されるなど、これらの機体の設計開発を担当したブレインズの設計思想は首尾一貫している。サンダーバード3号の運用には、本来2名ないしは3名の乗員を必要とするが、緊急時には1名での操縦も可能なように設計されている。

また、機内には乗員が長期ミッションにおいて交代で休息をとるための休憩設備が2名分用意されているのも特徴であり、ここでも多種多様な非常災害に備え、万全の対策が整えられていることが見てとれる。

サンダーバード３号と実在のロケットとの比較

名称	全長	自重	推力	備考
サンダーバード3号	87.48m	562t	2,000t	国際救助隊所属の単段式ロケット（1965年放送開始）

↑ 単段式ロケット機としては破格の出力

名称	全長	自重	推力	備考
V2ロケット（ナチス・ドイツ）	14m	12t	25t	世界初の単段式ロケット兵器（1942年完成）
R-7ロケット（ソ連）	28m	42t	101t	人工衛星スプートニク1号の打ち上げに使われた多段式ロケット（1957年）
サターンV型（アメリカ）	11m	2,812t	3,400t	アポロ11号を月へと送りこんだ多段式ロケット（1965年）

サンダーバード３号と５号

サンダーバード３号

大気圏外救助活動専用ロケット（通常は５号への連絡輸送に使用）

⇔ 国際救助隊の宇宙活動の要

サンダーバード５号

徹底的に秘匿《ひとく》された静止衛星軌道上に浮かぶ宇宙ステーション

↓

任務
情報収集や国際救助信号の傍受といった国際救助隊の目となり耳となり任務を遂行

性能			
全長	121.92m	全高	82.91m
重量	976t	動力源	原子力電池

乗員
ジョン・トレーシー
アラン・トレーシー（交代要員）

初出作品データ（日本語版）

●TVドラマ『サンダーバード』　1966年　東北新社

No.080

ルナ宇宙艇

Lunar Module

『謎の円盤UFO』において戦闘に活躍するのではなく、人員や必要な物資を運ぶため月－地球を往復する連絡用宇宙艇である。

●月と地球をつなぐ

地球人類に危害を及ぼし、地球侵略を目的とする宇宙人や、彼らの操る空飛ぶ円盤・UFOから地球人類を防衛するために設立された対異星人防衛組織最高司令本部（スプリーム・ヘッドクォーターズ・エイリアン・ディフェンス・オーガジゼーション）通称「S.H.A.D.O.」。ルナ宇宙艇（ルナ・モジュール）は、S.H.A.D.O.の最前線基地であるムーンベースが置かれた月と地球間の連絡用宇宙艇である。

ルナ宇宙艇の推定全長は21mほど。主に地球－ムーンベース間の人員や物資の輸送に用いられる。

本機は宇宙航行用に設計され、大気圏内の飛行能力をもたないため、成層圏上空までは大型VTOL（垂直離着陸）機ルナ・キャリアの後部にドッキングして運ばれ、成層圏上空で分離。大気圏を脱出して月に向かう。同時期に旧ソ連で計画されていた「スパイラル50-50計画」などの影響を受けていると推測される。地球－月間の航行時間は約1日。オートパイロットで航行しムーンベースのNo.1プラットフォームに垂直離着陸する。

地球への帰還時は大気圏突入後、成層圏上部で待機していたルナ・キャリアと空中でドッキングし、地上基地へと帰還する。

地球－月間の連絡任務のほかに、UFOの発進した惑星を究明する「クローズ・アップ作戦」のため、月軌道上に配備されたB-142改良型調査衛星に新型電子望遠鏡を組み込むなどの各種作業にも用いられた。

ルナ宇宙艇は非武装であり、航行中にUFOに襲撃された場合は運を天に任せてひたすら逃げるしかない。実際、航行中にUFOに撃墜されたり、搭乗員が催眠光線を浴びせられ、折からムーンベースを訪問中であったハリントン・ストレイカー最高司令官を襲う事件も発生している。

ルナ宇宙艇と地球防衛網

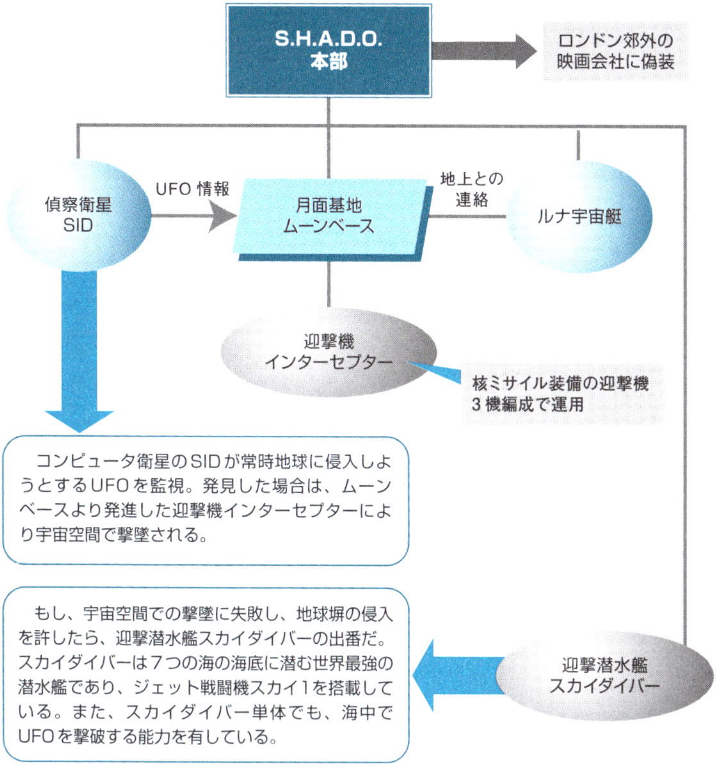
S.H.A.D.O.
本部
ロンドン郊外の
映画会社に偽装
偵察衛星
SID
UFO 情報
月面基地
ムーンベース
地上との
連絡
ルナ宇宙艇
迎撃機
インターセプター
核ミサイル装備の迎撃機
3機編成で運用
コンピュータ衛星のSIDが常時地球に侵入しようとするUFOを監視。発見した場合は、ムーンベースより発進した迎撃機インターセプターにより宇宙空間で撃墜される。
もし、宇宙空間での撃墜に失敗し、地球塀の侵入を許したら、迎撃潜水艦スカイダイバーの出番だ。スカイダイバーは7つの海の海底に潜む世界最強の潜水艦であり、ジェット戦闘機スカイ1を搭載している。また、スカイダイバー単体でも、海中でUFOを撃破する能力を有している。
迎撃潜水艦
スカイダイバー

謎の円盤UFO

『謎の円盤UFO』は、日本でも大ヒットした『サンダーバード』などの作品で知られるイギリスのAPフィルムズが制作したSF特撮ドラマである。プロデューサーは、『サンダーバード』や『キャプテン・スカーレット』などと同じジェリー・アンダーソン。これらの作品はマリオネーションと呼ばれる人形を用いたドラマだったが、『謎の円盤UFO』からは生身の人間が登場している。

初出作品データ（日本語版）

●TVドラマ『謎の円盤UFO』　1970年　東北新社

No.081

イーグルトランスポーター

Eagle Transporter

放浪する月と取り残された人々。期せずして宇宙を旅することとなった人々の物語『スペース1999』にて活躍する作業用宇宙艇。

●さまよえる月のシャトル

1999年9月13日、月に貯蔵されていた不要核物質が突然大爆発を起こし、月は地球の周回軌道を離れ宇宙をさまようことになった。月に取り残されたムーンベースアルファの唯一の他惑星への移動・探索手段として、また対宙防衛戦力として活躍したのが、このイーグルトランスポーターである。

メカデザインは映画『エイリアン』の特撮を担当したことで特撮ファンに知られるブライアン・ジョンソン。

イーグルトランスポーターは地球と月とを結ぶシャトルとして開発されたもので、全長76フィート（23.2m）、全幅30フィート（9.1m）、全高14フィート（4.3m）、総重量238t、最高速度は光速の15%、最大行動範囲257億㎞の性能を誇り、地球重力クラスの惑星ならば、大気圏突入、着地、離陸、大気圏離脱が可能。本来は軍用として設計されたわけではないが、レーザーガンを標準装備し、宙対宙ミサイルも装備できる。本体のフレーム構造に、ライフボートを兼ねる機首部、中央部には換装可能なコンテナポッド、通常は4基だが必要に応じて増設が可能なブースタ・モジュールが取り付けられた無骨な外観が特徴的な機体は、トランスポーターの名が表すとおり、元来は汎用《はんよう》的な作業用宇宙艇であり、コンテナポッドを換装することによってさまざまな作業に用いることが可能となっている。主要なコンテナポッドは6種類存在し、標準の人員輸送用（8～12人）、VIP輸送用、核物質などの危険物輸送用、レスキュー用、偵察探検用（4人）、調査研究用など多岐にわたり、本機の汎用性の高さを表している。

ムーンベースアルファには、12機の輸送型、26機の偵察型、および2機の救助型が配備されており、技術スタッフによって常に飛行可能状態に保たれ、必要に応じて修理、製造も行われている。

さまよえる月

管理

不要核物質の貯蔵

ムーンベースアルファの建設
（311 名のメンバーが勤務）

不要核物質の大爆発！

月は地球の周回軌道を離れ宇宙をさまようことに

ムーンベースアルファの地球人に降りかかる出会いと冒険

未知の宇宙現象

外宇宙の惑星

さまざまな宇宙人

イーグルトランスポーターの汎用性

地球と月とを
結ぶシャトル
として開発

イーグルトランスポーター	
全長	23.2m
全幅	9.1m
全高	4.3m
総重量	238t
最高速度	光速の 15%
最大行動範囲	257 億㎞

大気圏突入・離脱
可能の対宙防衛戦
力として活躍

6 種類のコンテナポッドによる幅広い運用

人員輸送用　VIP 輸送用　危険物輸送用　レスキュー用　偵察探検用　調査研究用

初出作品データ（日本語版）

●TV ドラマ『スペース 1999』　1977 年　東北新社

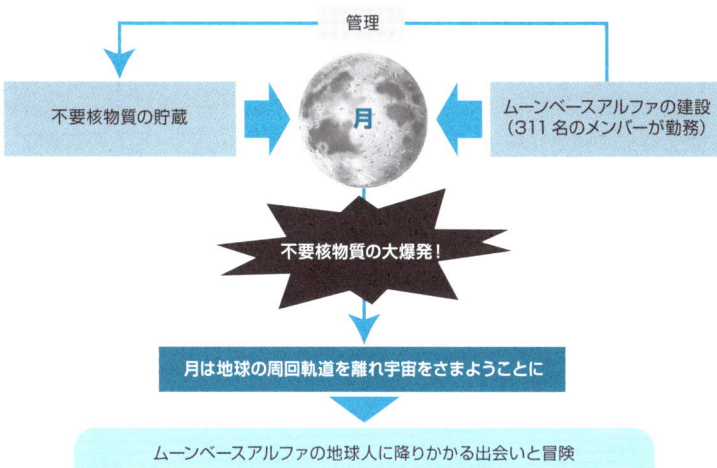

No.082

スピップ号

Spip

東宝特撮映画の代表作の１本『宇宙大戦争』において、地球侵略を開始したナタール人の月基地へ出撃した戦闘用宇宙ロケット。

●日本宇宙軍対ナタール人

1965年、地球を植民地化するべく円盤タイプの飛行物体群で飛来し、衛星軌道上の宇宙ステーションJSS3の爆破を手始めに侵略行動を開始したナタール人が月の裏側に建造した基地を破壊するべく急遽開発された、日本宇宙軍（Japan Space Force）の宇宙ロケット。日本の国際宇宙科学センターの第99工場で建造され、船体の外板は地球上では最高の硬度を誇る金属S250号製である。4枚の補助翼を機体下部に備えたシンプルな流線型の1段式ロケットで、月面には機体の尾を下にした状態で垂直に離着陸し、搭乗員は尾部のエレベーターによって船の内外を出入りする。全長は70mと見た目よりもかなり大型で、日本宇宙軍の艦船であることを示す日の丸とJSFのロゴがくっきりと船体に描きこまれている。小松崎茂デザインのスピップ号が登場する映画『宇宙大戦争』が上映された1959年は、まだロケットといえば単段式がスタンダードで、多段式ロケットが主流になったのはアポロ計画で使用されたサターン・ロケット以降である。

安達博士やリチャードソン博士らの科学者グループが新開発した原子力R600をエネルギー源とする強力な熱戦砲を先端部に搭載しており、冷却放射光線と宇宙魚雷を装備するナタール人の円盤群と宇宙戦を展開した。

熱戦砲以外にも自動防衛装置や宇宙レーダーなどの最新鋭の機材を装備し、貨物スペースに月面探査車を2両搭載。搭乗員は8名で、1号機には安達博士が、2号機にはリチャードソン博士が搭乗している。

月面に到達したスピップ号1号機と2号機はソビエツキー山脈の火口に隠されたナタール人の基地に攻撃を仕掛けるが、ナタール人によって脳に金属片を埋め込まれ、催眠電波によってコントロールされていた岩村幸一隊員によって1号機が爆破されてしまう。

ナタール人の侵攻
目的：地球の植民地化
↓
- 地球衛星軌道上の宇宙ステーションJSS3の爆破
- 月の裏側に前線基地を建設

ナタール人 対 日本宇宙軍

スピップ号2機にて月のナタール人基地を攻撃へ
日本宇宙軍

スピップ号1号機を爆破

ナタール人の円盤群、地球へ進撃

月面での攻防戦

ソビエツキー山脈火口のナタール人基地発見

月面基地破壊に成功

人類の存亡をかけた宇宙大決戦！

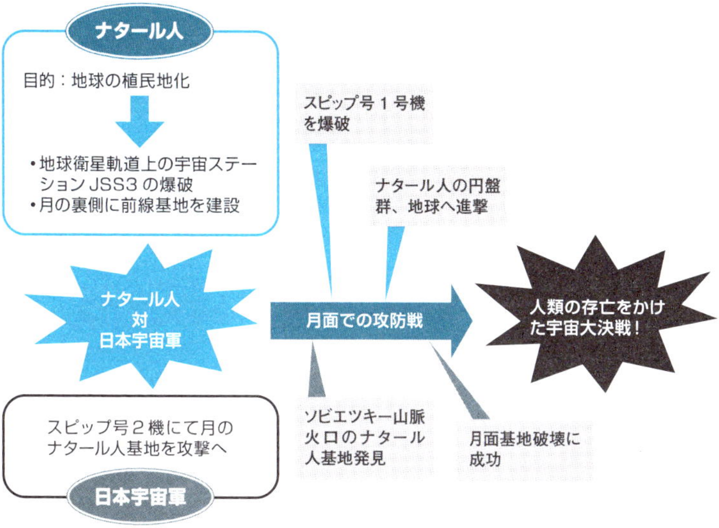

ロケットから宇宙船への変遷

ロケットといえば単段式がスタンダード → スピップ号 JX-1隼号 サンダーバード3号 etc

1969年、サターン・ロケットによるアポロ11号の打ち上げ成功
↓
多段式ロケットがイメージの主流となる → 宇宙開発の発展により特撮・SFは大きな影響を受ける
↓
ロケットから宇宙船へ → 『2001年宇宙の旅』「スター・ウォーズ」シリーズでの宇宙船の登場

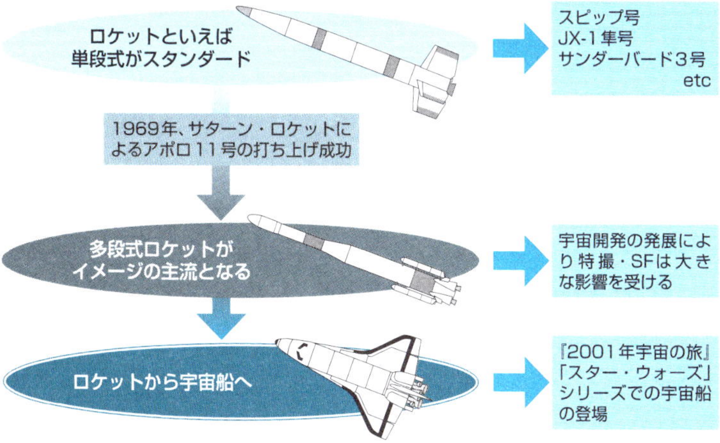

初出作品データ

●映画『宇宙大戦争』　本多猪四郎 監督　1959年　東宝

No.083

宇宙防衛艦 轟天

UNSF Gohten

艦首のドリルが異彩を放つ国際連合宇宙局の宇宙防衛艦。東宝の特撮映画『惑星大戦争』において異星人の地球侵略を食い止めている。

●地球防衛の要

地球防衛を目的として、国際連合宇宙局が建造した宇宙防衛艦。3基のラムジェット・エンジンと2基の核パルスロケット・エンジン、そして2基の大気圏内航行用ロケット・エンジンを搭載し、宇宙のみならず大気圏内での航行も可能な万能戦闘艦艇である。轟天は西暦1988年に南海の秘密基地で建造され、開発者の1人である滝川正人博士を初代艦長として、同年に銀河帝国の名の下に、金星を拠点として地球侵攻作戦を開始した恒星ヨミの第三惑星人に立ち向かい、見事この異星人の宇宙戦闘艦である「大魔艦」を撃破することに成功した殊勲艦である。

大気圏外ではラムジェット・エンジンと核パルスロケット・エンジンにより、巡航時には18万㎞/h、最大速度時には光速の90%で航行可能という、恐るべき航宙能力を備え、リボルバー式の特徴的な艦載機離着艦システムを艦体側面に設け、そしてレーザー砲や多目標レーザー爆雷などを満載し、轟天のシルエットを他のいかなる宇宙艦艇とも異なるものとした。大魔艦撃破の決め手となったのは、艦首に搭載されたダイヤモンド・ファイバー製超巨大ドリルユニットであった。このドリルユニットは円筒形のカートリッジ方式で艦首に挿入されており、設計段階では作戦内容に応じて各種カートリッジを交換することを考慮していたと考えられるが、対大魔艦戦においては、単純かつ大時代的ながら、1対1の艦同士による決戦には効果的なこのドリルユニットを実装して出撃した。もっとも、この選択はその攻撃意図が容易に推測可能であり、決戦兵器として考えた場合には決定打を欠くものであったのは否めず、このため滝川博士はこの艦首ユニットに特殊爆弾を搭載し、我が身を挺《てい》してユニットごと大魔艦に特攻、もろともに爆破するという自己犠牲によって勝利をもぎ取ることとなった。

轟天対大魔艦

	所属	武装	全長	推力	搭載兵器
轟天	国際連合宇宙局	・各レーザー砲 ・多目標レーザー爆雷 ・ダイヤモンド・ファイバー製超高速ドリル	157m	・ラムジェット・エンジン ・核パルスロケット・エンジン ・大気圏内航行用ロケット・エンジン	艦載機スペース・ファイター
大魔艦	恒星ヨミの第三惑星	・スペースビーム ・重力砲	230m	・次元転換装置	小型戦闘ロケットヘル・ファイター

金星で1対1の艦同士による決戦！

超巨大ドリルユニット

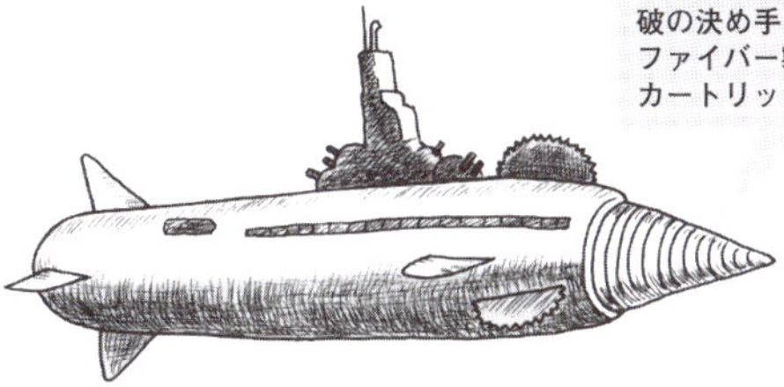

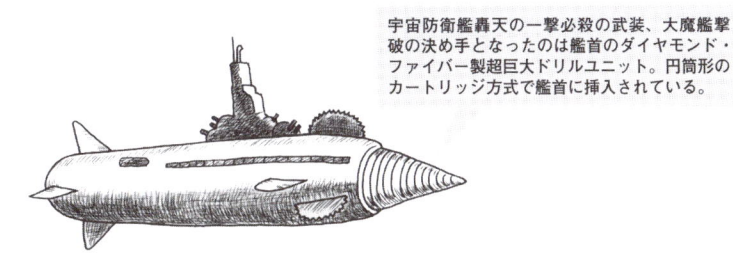

宇宙防衛艦轟天の一撃必殺の武装、大魔艦撃破の決め手となったのは艦首のダイヤモンド・ファイバー製超巨大ドリルユニット。円筒形のカートリッジ方式で艦首に挿入されている。

艦首にドリル

この特異かつ特殊、そして特徴的なデザインは1963年公開の特撮映画『海底軍艦』の轟天号をもって嚆矢《こうし》とする。押川春浪《おしかわしゅんろう》の原作小説『海島冒険奇譚《かいとうぼうけんきたん》海底軍艦』には登場しない轟天号のデザインを担当したのは、数々の特撮メカデザインを手がけた小松崎茂である。

艦首にドリルというデザインは現在でも多くの作品に散見され、2004年公開の『ゴジラ FINAL WARS』では、新旧轟天号が登場している。

初出作品データ

●映画『惑星大戦争』　福田純 監督　1977年　東宝

No.084

リアベ・スペシャル

LIABE Special

東映が制作した和製スペースオペラ映画『宇宙からのメッセージ』に登場したスペースクルーザー。ガバナス軍と死闘を繰り広げる。

●リアベの実の名を冠す

リアベ・スペシャルは、銀河に名立たる巨大企業の社長令嬢ながら、アステロイドベルトで危険なレースを繰り広げる宇宙暴走族に入り浸る不良娘、「神風のメイア」ことメイア・ロングの父親が所有する全長25mのスペースクルーザーの改造後の名称である。本来の兵装はパルスレーザー砲2門と2連レーザー砲座1基。コクピット以外に乗員がゆったりとくつろぐことができるキャビンを備えた金持ち向けの移動用宇宙船で、光速の0.95倍の速度で巡航可能。この船をいつも勝手に乗り回していたメイアと、その仲間であるアロン・ソーラー、シロー・ホンゴーらが惑星ジルーシアを侵略したガバナス軍と戦うことを決意した際に、彼らの高速宇宙艇と合体できるように改造され、ジルーシアの守り神であるリアベの実にちなんだ「リアベ・スペシャル」の名を与えられた。

なお、リアベ・スペシャルの改造に伴い、ポンコツ部品の寄せ集めだったアロンとシローの宇宙艇も最新鋭の宇宙戦闘機へとパワーアップされている。アロン・ソーラーの駆るPB-57ギャラクシーランナーは蜂を思わせるウィングが特徴的な全長12mの宇宙艇で、パルスレーザーとプラズマエンジンを装備し、操縦性、運動性共に優れた小型宇宙機。通常はリアベ・スペシャルの左翼にドッキングしている。シロー・ホンゴーが駆るほぼ同サイズのPB-58コメットファイヤーは機体後部の大きな推進器が特徴の機体で、同じくリアベ・スペシャルの右翼にドッキング可能。アロン機に比べればずんぐりしているように見えるが、操縦者の技量に左右されるもののむしろこちらの機体の方が小回りが利き、機体下部には大型ミサイルを装備している。光速の0.8倍で飛行可能なこれらの小型機は、共にリアベ・スペシャルを母艦として息の合った作戦飛行を展開するのである。

リアベ・スペシャルの誕生

メイア・ロングのスペースクルーザー			
全長	25m	兵装	パルスレーザー砲2門
速度	光速の0.95倍		2連レーザー砲座1基

改造

ポンコツ部品の寄せ集めだったアロン・ソーラーとシロー・ホンゴーの宇宙艇

改造

PB-57 ギャラクシーランナー	
パイロット	アロン・ソーラー
全長	12m
兵装	パルスレーザー
推力	プラズマエンジン

合体

PB-58 コメットファイヤー	
パイロット	シロー・ホンゴー
全長	12m
兵装	大型ミサイル
推力	プラズマエンジン

リアベ・スペシャル

ジルーシアの守り神であるリアベの実にちなんだ船名

リアベの実に導かれし勇士

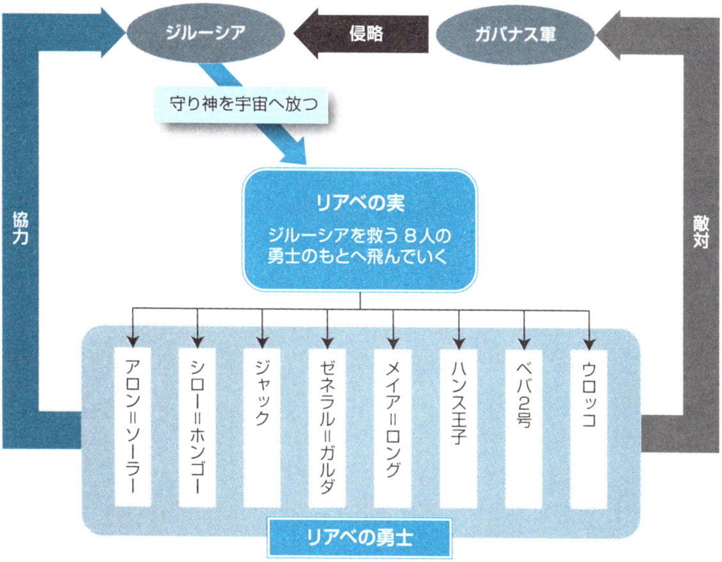

初出作品データ

●映画『宇宙からのメッセージ』　深作欣二 監督　1978年　東映

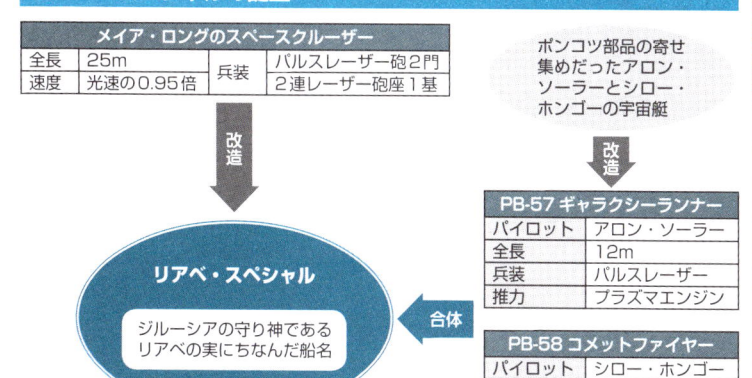

No.085

バッカスⅢ世号

Bacchus-3

エドモンド・ハミルトンのスペースオペラ小説を原案とした実写特撮SFドラマ『スターウルフ』に登場するスペース・コマンドの母艦。

●さすらいのスターウルフ

キャプテン・ジョウが率いるスペース・コマンドの母艦である20等級小型高速宇宙船。スペース・コマンドは、スペースエージェンシーをはじめとする企業の依頼を受けて、危険な任務に従事している地球の傭兵部隊である。宇宙の略奪集団ウルフアタッカーのエースであり、地球人母子をかばったことで裏切り者として追われる身となった「スターウルフ」モーガン・ケン（新星拳）はバッカスⅢ世号によって救助され、彼の正体を見抜いたキャプテン・ジョウによって傭兵《ようへい》部隊スペース・コマンドへと迎え入れられた。全長70m、全幅20m、重量は500t。船体後部で展開する両翼に4基のイオンロケット・エンジンを搭載し、光速の0.8倍の速度で宇宙空間を航行する。垂直に離着陸可能であるほか、非常に高い旋回能力を有し、主兵装は光子ミサイルランチャー2門と光子レーザー砲2門。搭乗員数は6人で、搭載している小型戦闘機ステリューラーにはケンが搭乗する。

「スターウルフ」シリーズとは、スペースオペラ「キャプテン・フューチャー」シリーズに並ぶSF小説家エドモンド・ハミルトンの代表作で、1960年代後半に書かれた『さすらいのスターウルフ』『さいはてのスターウルフ』『望郷のスターウルフ』はすべて邦訳されている。ここで紹介しているバッカスⅢ世号は、1978年に読売テレビ系列局で放映された円谷プロダクション制作の同名の実写特撮SFドラマに登場する宇宙船で、ハミルトンの原作とは物語の大筋が異なっている。ドラマ版の『スターウルフ』は1978年4月2日から9月24日まで全24話が放送され、第14話「宇宙に浮かぶ黒い竜」以降は路線変更に伴いタイトルが『宇宙の勇者スターウルフ』に変更された。主人公のモーガン・ケン（新星拳）を東竜也が、漢気あふれるキャプテン・ジョウを「エースのジョー」こと宍戸錠が演じている。

スペース・コマンドの構成

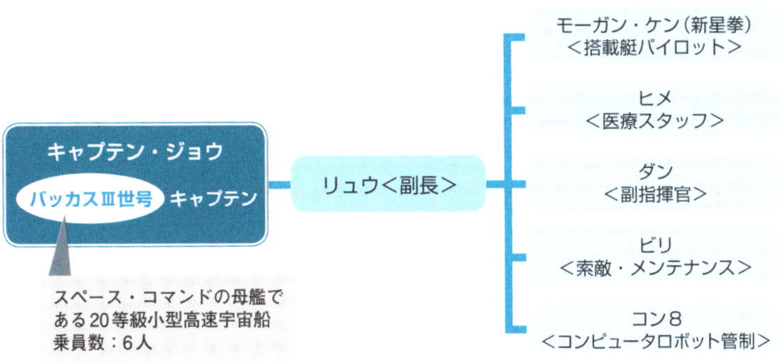

バッカスⅢ世号のスペック	
全長	70m
全幅	20m
重量	500t
推進力	4基のイオンロケット・エンジン
速度	光速の0.8倍
主兵装	光子ミサイルランチャー2門／光子レーザー砲2門
搭載兵器	小型戦闘機ステリューラー

原作の「スターウルフ」シリーズ

SF界の巨星エドモンド・ハミルトンが晩年に手がけた「スターウルフ」シリーズは、日本のドラマ版に比べ主人公のモーガン・ケインが略奪品の分配をめぐり仲間を殺したために追われる身になるなど、獰猛《どうもう》で危険こそを好敵手としてきた無法者らしく描かれている。

ドラマ版『スターウルフ』では、小説版の外人部隊がスペース・コマンドに変更され、母艦となるバッカスⅢ世号が追加されているが、キャプテン・ジョウの役回りである外人部隊隊長ジョン・ディロルが、悪名高いスターウルフであったケインの正体を知りつつ彼を迎え入れるなどの展開や、小説『さすらいのスターウルフ』から登場人物や固有名詞がとられるなど、物語の進行にもいくつかの共通点がある。

しかし、路線変更後の『宇宙の勇者スターウルフ』からドラマ版はオリジナルの展開を見せていくことになり、ハミルトンの小説とは離れていくことになった。

初出作品データ

●TVドラマ『スターウルフ』 1978年 円谷プロダクション

No.086

ソロ・シップ

Solo Ship

TVアニメ『伝説巨神イデオン』にて地球からソロ星に殖民していた人々が異星人バッフ・クランから逃れるため乗り込んだ第６文明人の宇宙船。

●スペース・ランナウェイ

日本サンライズ（現サンライズ）によって制作されたSFアニメーション作品『伝説巨神イデオン』に登場する全長400mもの巨大な宇宙船。

地球人が6番目に接触した知的生命体「第6文明人」によって建造されたとされ、ソロ星の第6文明人遺跡第2発掘現場から発見された。地球人がソロ星植民の途中で出会った異星人バッフ・クランとの戦闘から逃れるため、ソロ星の難民を乗せ、宇宙を放浪することになる。

ブリッジと平たいドームからなる曲線的な船首と、居住ブロックと機関部、後部デッキからなる直線的な船体が基本構造。船首部分は船体との接合部で90度上方に折れ曲がる機構を備えている。主推進は核融合兼反物質エンジンが用いられ、左右に2基ずつ、計4基が独立したアームによって支えられている。このアームを90度もしくは180度回転させ、エンジンノズルの方向を調節することで、垂直離着陸および逆噴射を可能としている。

ソロ・シップは搭載した核融合兼反物質エンジンによって生まれた巨大なエネルギーを推進力として、船体を亜空間へ転移させることが可能であり、チューブ状に伸びる亜空間と現実世界間を行き来することで「亜空間飛行《デスドライブ》」と呼ばれる、超光速航法を実現している。

船体は「イデオナイト」で作られており、無限力「イデ」をエネルギーとして船体を紡錘形に覆うバリアの発生が行える。そのバリアの強固さは特筆すべきもので衛星の直撃にも無傷で耐えるほどだ。

地球人より身体の大きな第6文明人に合わせて設計されているため、船体だけでなく船内もかなり広々とした作りになっている。ソロ・シップ上部のドームには長期間の航行の際に必要となる食料生産を考えて、林や草原が広がっており、耕作や放牧が可能な閉鎖生態系も構築されている。

ソロ・シップをめぐる状況

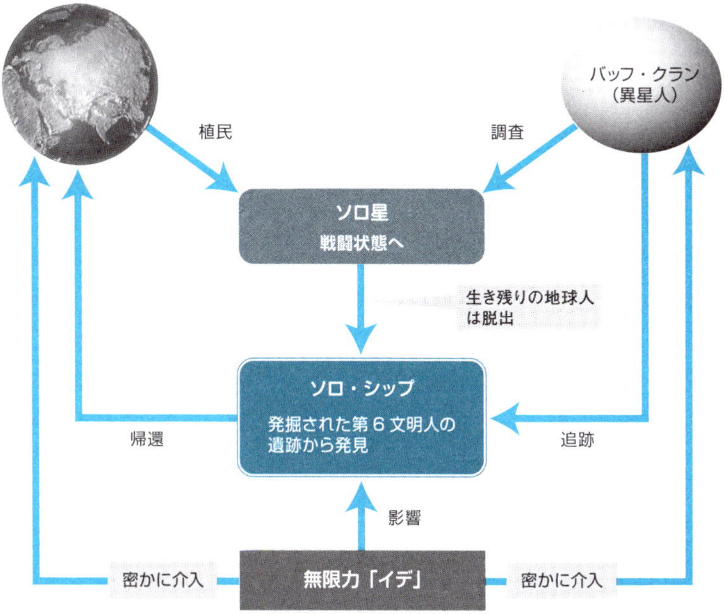

無限力「イデ」

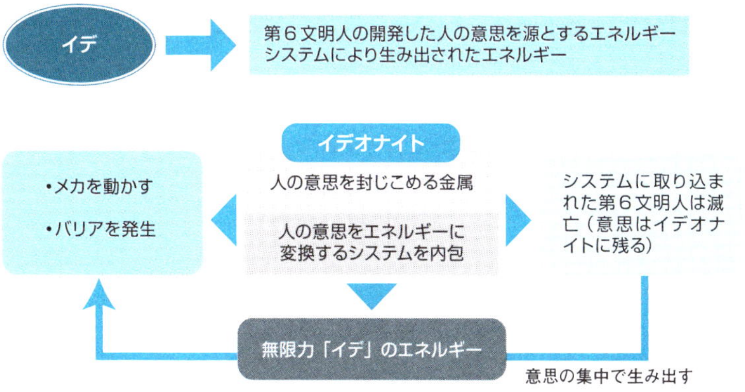

初出作品データ

●TVアニメ『伝説巨神イデオン』　1980年　創通エージェンシー／サンライズ

No.087

ヱクセリヲン

EXELION

常に人類の天敵である宇宙怪獣と戦い続けた、ヱクセリヲン級のネームシップ。その活躍は『トップをねらえ!』に描かれている。

●数奇な運命を辿《たど》りし艦

西暦2022年に竣工した、地球帝国宇宙軍第七艦隊所属のヱクセリヲン級一等軍艦の1番艦である。技術的には第四世代型超光速宇宙戦艦と位置づけられ、続くヱルトリウムに搭載された、周囲の空間の物理法則を書き換えつつ推進する、イメージ・アルゴリズム機関とは異なり、従来どおりの作用・反作用によるニュートン力学に基づく主推進機関を搭載している。

また、艦隊旗艦として、トップ部隊によるマシン兵器運用を前提として設計されており、1,200機を超すマシン兵器や、880機のコスモアタッカーを搭載可能で、しかもこれに加えて無数に搭載された紅玉式光線砲や光子魚雷など、単艦での戦闘能力も傑出していた。このため、戦闘艦としての汎用《はんよう》性は極めて高く、以後単艦での戦闘力を強化したスーパーヱクセリヲン級や、2つの艦体を並べて連結することでマシン兵器の母艦としての能力を大幅向上した、ツイン・ヱクセリヲン級などに発展した。これらは銀河中心殴り込み艦隊の主力として活躍しており、この点において基本となったヱクセリヲンは成功作であったと評価できる。

ヱクセリヲンはカルネアデス計画の中核を担った銀河中心殴り込み艦隊において、無数の宇宙怪獣を葬り去ったバスターマシン1号および2号の初めての母艦ともなっている。ヱクセリヲン自体はリーフ64海戦と、これに続く火星沖海戦で大ダメージを受け、地球帰還後の2032年には廃艦処分が決定、同年8月15日の太陽系絶対防衛戦において、ブラックホール爆弾に改造されたヱクセリヲンは、雷王星軌道上で縮退炉のキングス弁が抜かれてブラックホール化し、襲撃した宇宙怪獣もろともに消滅している。

その後このブラックホールはブラックホール・エグゼリオと呼ばれるようになり、さらに後年にはバスター軍団の根拠地となった。

ヱクセリヲンの艦暦

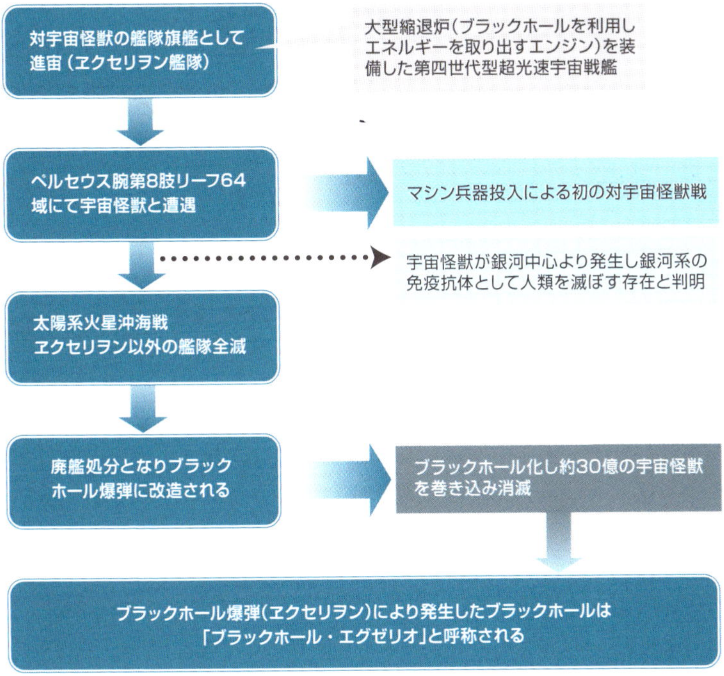
対宇宙怪獣の艦隊旗艦として
進宙（ヱクセリヲン艦隊）
大型縮退炉（ブラックホールを利用し
エネルギーを取り出すエンジン）を装
備した第四世代型超光速宇宙戦艦
ペルセウス腕第8肢リーフ64
域にて宇宙怪獣と遭遇
マシン兵器投入による初の対宇宙怪獣戦
宇宙怪獣が銀河中心より発生し銀河系の
免疫抗体として人類を滅ぼす存在と判明
太陽系火星沖海戦
ヱクセリヲン以外の艦隊全滅
廃艦処分となりブラック
ホール爆弾に改造される
ブラックホール化し約30億の宇宙怪獣
を巻き込み消滅
ブラックホール爆弾（ヱクセリヲン）により発生したブラックホールは
「ブラックホール・エグゼリオ」と呼称される

✤ もうひとつのヱクセリヲン

『トップをねらえ！』の後にガイナックスが制作した海洋冒険もののテレビアニメ『ふしぎの海のナディア』にも、ヱクセリオンの艦名を冠する宇宙船が登場する。『ふしぎの海のナディア』はジュール・ヴェルヌの『海底二万マイル』の翻案作品であり、原作と同じくネモ船長と万能潜水艦ノーチラス号が活躍するが、このノーチラス号の正体は古代アトランティス人が開発した第２世代型惑星間航行用亜光速宇宙船ヱルトリウムだった。物語の中盤で破壊され、退場したノーチラス号に代わり、勇躍その姿を現すのがN-ノーチラス号――古代アトランティス人の遺した第四世代型超光速恒星間航行用超弩級万能宇宙戦艦ヱクセリヲンである。

初出作品データ

●オリジナルビデオアニメーション『トップをねらえ！』　庵野秀明 監督　1988年　GAINAX

No.088

レッド・ドワーフ号

RED DWARF

地球帰還を目指す乗組員の活躍を描くイギリスのSFコメディードラマ『宇宙船レッド・ドワーフ号』の舞台である宇宙船。

●300万年後の目覚め

宇宙船レッド・ドワーフ号は、木星採掘コーポレーション（J.M.C）ダイモス星パラダイス・ベイ造船所にて23世紀に建造された鉱石運搬船である。全長6マイル、全幅3マイル。「スモール・リュージュ」「300万年の時を刻む赤いゴミため」などの別名をもつ。前面の巨大スコープにて恒星間にある微小な星間物質を収集し燃料にする恒星間ラムジェットエンジンを搭載。メンテナンスはスカッターと呼ばれるサービス・ドロイドによって行われている。

外宇宙のコロニーから地球へ鉱石を運搬中に、リスターの上官アーノルド・J・リマーが起こしたドライブプレートの修理ミスに伴う爆発事故が発生。船内は高レベルの放射能に汚染され、ホリスター船長以下168人の乗員が死亡してしまう。無許可で猫を飼っていたことがばれ、しかもその猫の提出を拒否したために18か月の時間停止刑を課せられていた三等技術士デイブ・リスターがレッド・ドワーフ号の唯一の生き残りとなる。IQ6000を誇るレッド・ドワーフ号のメインコンピュータ「ホリー」は、船内の放射能汚染レベルが正常値に戻るまでリスターの時間停止を続行しつつ宇宙空間を当てもなくさまよい、リスターが目覚めたときにはなんと300万年の時間が経過していた。

1人生き残ったリスターの正気を保つため、ホリーによりホログラム再生されたリマーと、船内でリスターが飼っていた猫のフランケンシュタインの子孫が300万年の時を経て猫から人間へと進化した猫サピエンスのキャットらは、300万年の間加速を続けた結果、ついに光速の壁を超え、超光速航行に突入したレッド・ドワーフ号とともに、地球に戻るべく珍道中を繰り広げることになったのだった。

レッド・ドワーフ号の乗組員

デイブ・リスター	レッド・ドワーフ号の3等技術士にして人間で唯一の生き残り。お気楽極楽な性格の持ち主。リマーに嫌がらせをするのと、カレーを食べるのが生き甲斐
アーノルド・リマー	2等技術士。レッド・ドワーフ全滅の元凶だが、ホログラムとして生き延びる。レッド・ドワーフ号の船長からは「脳細胞は、歯よりも少ない。昇格の可能性、お笑いぐさ」と散々な評価をされていた
キャット	リスターの飼い猫の「フランケンシュタイン」の子孫が人間に進化した猫サピエンスの1人。大半の猫サピエンスが脱出した中で、船に残っていた
ホリー	レッド・ドワーフ号のすべてを取り仕切るコンピュータで、自称IQ6000。はげ男のキャラで姿を見せるが、自分では「女にモテモテな顔」と主張

レッド・ドワーフ号のフィジーを目指す軌跡

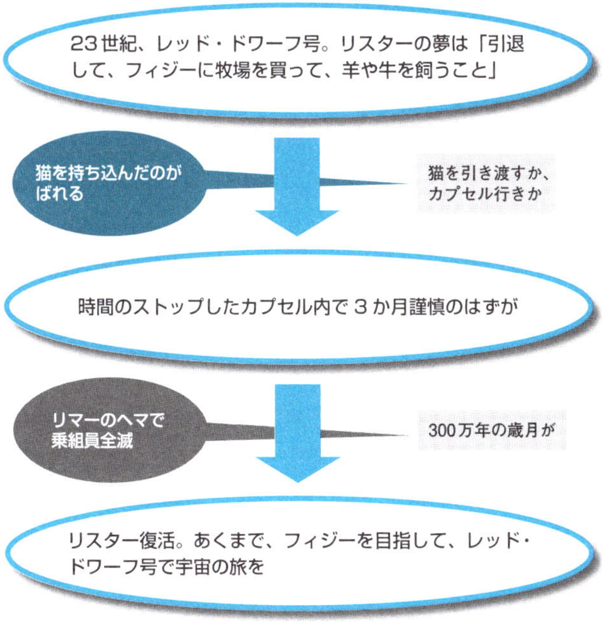
23世紀、レッド・ドワーフ号。リスターの夢は「引退して、フィジーに牧場を買って、羊や牛を飼うこと」
猫を持ち込んだのがばれる
猫を引き渡すか、カプセル行きか
時間のストップしたカプセル内で3か月謹慎のはずが
リマーのヘマで乗組員全滅
300万年の歳月が
リスター復活。あくまで、フィジーを目指して、レッド・ドワーフ号で宇宙の旅を

初出作品データ（日本語版）

●TVドラマ『宇宙船レッド・ドワーフ号』　1998年　ハピネット・ピクチャーズ

No.089

ドーントレス号

Dauntless

銀河文明を守護するパトロール隊とその精鋭レンズマンの活躍。E・E・スミスの「レンズマン・シリーズ」にて銀河最強をうたわれる宇宙戦艦。

●伝説の超弩級宇宙戦艦

銀河文明最初の第二段階レンズマンとなった地球出身のキムボール・キニスン。ドーントレス号は、自由世界の敵対者であり銀河文明を破壊すべく海賊行為を行っていたボスコーンの基地が陥落した後に、ブリタニア号に次ぐ専用艦としてキニスンに与えられた超弩《ど》級宇宙戦艦である。銀河文明の新たな同盟者や、拿《だ》捕《ほ》されたボスコーン艦によって新技術がもたらされるたびに改造、改装され、長きにわたって銀河最強の艦の名前であり続けた。艦の形状については諸説存在し、飛行船を思わせる紡錘形から、先端がとがった逆流線型まで、さまざまにいわれている。主兵装はニードル光線砲15門、高出力ビーム砲20門と、三連主砲8門。牽引ビームや新開発の牽引ゾーンなど銀河パトロール隊の標準装備のほか、長期間にわたる単独作戦行動を遂行するため、探知波中立装置や調査に必要なあらゆる装置や発生機が積載されている。推進機は、サイズの大小を問わずこの時代のほとんどの艦船に搭載されているバーゲンホルム機関(慣性中立化装置)であり、無慣性航行を可能とするこの駆動機関により超光速で航行することが可能である。バーゲンホルム機関は、狂人と紙一重の天才科学者ネルス・バーゲンホルムの助言によってフレデリック・ロードブッシュとライマン・クリーブランドが開発した慣性中立化装置である。なお、ネルス・バーゲンホルムは銀河文明の保護者アリシア人から直接、間接の制御を受けていた彼らの代弁者のような存在であり、彼はまた銀河評議会初代議長のヴァージル・サムズに、アリシア人からレンズを受け取るよう示唆した人物でもある。主席パイロットはブリタニア号時代からのキニスンの頼もしい部下であるヘンリー・ヘンダスン。後に彼の息子ヘンリー・ジュニアも20年後の4代目ドーントレス号の主席パイロットを務めている。

「レンズマン」シリーズの背景

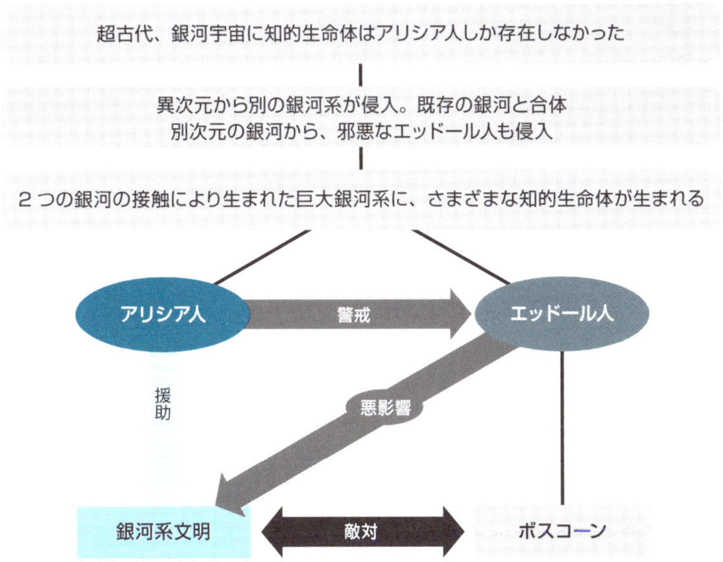
超古代、銀河宇宙に知的生命体はアリシア人しか存在しなかった
異次元から別の銀河系が侵入。既存の銀河と合体
別次元の銀河から、邪悪なエッドール人も侵入
2つの銀河の接触により生まれた巨大銀河系に、さまざまな知的生命体が生まれる
アリシア人
警戒
エッドール人
援助
悪影響
銀河系文明
敵対
ボスコーン

◆レンズマンとは

　レンズマンとは、銀河文明の庇護《ひご》者アリシア人から、彼らのみが作ることができる複製不可能なレンズを授けられ、これを着用することを許された銀河パトロール隊の最精鋭である。宇宙海賊ボスコーンの横行が銀河文明の障害になることを察知した銀河評議会議長ヴァージル・サムズは、禁断の惑星アリシアに救いを求めた。アリシア人はサムズにレンズを授け、ファーストレンズマンとした。その後、サムズは銀河パトロール隊を創設することになる。

「レンズ」は、未知の物質で構成されており、偽造や破壊は不可能である。所有者にテレパス能力を与える機能が備わっていて、これによりレンズマンは全銀河系の種族と意思の疎通が可能である。さらに、各所有者ごとに調整されており、所有者以外の者が装着すると激しい苦痛の後に死亡する。

　後に、エッドール人もレンズを製造、彼らの陣営に属するブラック・レンズマンを生み出したが、銀河パトロール隊の脅威にはなりえなかった。

初出作品データ（日本語版）

●小説『銀河パトロール隊』　E・E・スミス 著　1966年　東京創元社

No.090

ヒューベリオン

Hyperion

田中芳樹が銀河を舞台に繰り広げた一大叙事詩『銀河英雄伝説』の一方の主役、ヤン・ウェンリーの乗艦した宇宙戦艦。

●名将とともにあり

自由惑星同盟軍が中規模艦隊旗艦として建造した、ヒューベリオン級戦艦のネームシップ。艦籍番号144M。全長911mは同盟軍の艦隊旗艦に用いられた戦艦としては通常のアキレウス級より二周りほど小型で主砲門数も少ないが、通信能力についてはこれに匹敵する充実した機能を備えていた。

宇宙暦796年のアスターテ会戦直後に、旧第4、第6艦隊の残存兵力を中核として第13艦隊が半個艦隊規模で創設された際に、司令官であるヤン・ウェンリー少将の旗艦として指定された。以後、イゼルローン攻略戦、アムリッツァ会戦、そして第7次イゼルローン要塞攻防戦と帝国軍との大規模会戦において「魔術師ヤン」の乗艦として名を馳《は》せる。第13艦隊のイゼルローン要塞駐留機動艦隊への改変時に同艦隊旗艦となり、名実共に「ヤン艦隊」旗艦となった。宇宙歴799年のバーミリオン会戦後、帝国軍との間に結ばれたバーラトの和約に従い廃棄処分される予定であったが、当時、同盟軍宇宙艦隊司令長官代理の地位にあったチュン・ウー・チェン大将の判断で艦艇譲渡書を託されたムライ、フィッシャーをはじめとするヤンの幕僚たちによって密かにイゼルローン要塞へ回航された。

その後もエル・ファシル革命予備軍旗艦としてヤンの乗艦であったが、宇宙暦800年の回廊の戦い以降ヤンが戦艦ユリシーズに旗艦を変更したため、銀河帝国より亡命し客員提督として遇されていたウィリバルト・ヨアヒム・フォン・メルカッツ中将の乗艦となり、分艦隊旗艦としてヤンの死後も第10次イゼルローン攻防戦などに参加。その最期は宇宙暦801年のシヴァ星域会戦で、この際メルカッツ中将も運命を共にしている。

艦名は同盟軍艦隊旗艦の例に漏れず神話に由来し、ギリシア神話のティターン神族の長兄、ヒューペリオーンから採られている。

ヒューベリオンの主な艦暦

宇宙暦796年	第13艦隊の旗艦として指定される
	イゼルローン攻略戦、アムリッツァ会戦、第7次イゼルローン要塞攻防戦など帝国軍との大規模会戦において「魔術師ヤン」の乗艦として名を馳せる
	イゼルローン要塞駐留機動艦隊への改変時に同艦隊旗艦となる
宇宙暦796年	ドーリア会戦に参加、勝利の後にクーデター派に占拠された首都星を制圧
宇宙暦799年	バーミリオン会戦に参加
	帝国軍との講和によるバーラトの和約に従い廃棄処分が決定 ヤンの幕僚たちによって密かにイゼルローン要塞へ回航、エル・ファシル革命予備軍旗艦となる
宇宙暦800年	回廊の戦い、第10次イゼルローン攻防戦に参加
	この戦闘から、ウィリバルト・ヨアヒム・フォン・メルカッツ中将の乗艦となる
宇宙暦801年	シヴァ星域会戦に参加、この戦闘により爆沈

自由惑星同盟と銀河帝国

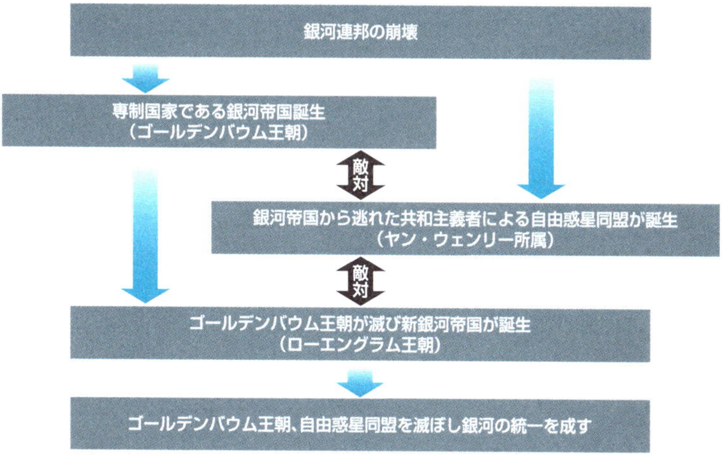
銀河連邦の崩壊
専制国家である銀河帝国誕生
（ゴールデンバウム王朝）
敵対
銀河帝国から逃れた共和主義者による自由惑星同盟が誕生
（ヤン・ウェンリー所属）
敵対
ゴールデンバウム王朝が滅び新銀河帝国が誕生
（ローエングラム王朝）
ゴールデンバウム王朝、自由惑星同盟を滅ぼし銀河の統一を成す

初出作品データ

●小説『銀河英雄伝説』　田中芳樹 著　1982年　徳間書店

No.091

仮装巡洋艦バシリスク

Merchant raider Basilisk

谷甲州原作のハードSF小説「航空宇宙軍史シリーズ」の短編集『仮装巡洋艦バシリスク』の一編に登場する輸送艦に武装を施した艦艇。

●牙《きば》をつけられた輸送艦

航空宇宙軍と木星・土星系衛星国家群の集合体である外惑星連合との間に勃発《ぼっぱつ》した、第一次外惑星動乱の開戦に先だってタイタン軍が大量建造した惑星間航行可能な戦闘艦艇の1隻。当時、外惑星連合は巡洋艦開発の遅れと資金不足から、輸送艦の船殻・主機を流用して、これに軌道爆雷などの武装と索敵機器を搭載した仮装巡洋艦の量産によって、圧倒的な戦力を有する航空宇宙軍との開戦に備えた。バシリスクは建造時より戦闘艦化を前提として設計された24隻の高速輸送艦の1隻であり、唯一の正規巡洋艦となったサラマンダー以外では最強級の艦であった。もっとも、商船の船殻を流用している点はこの艦も同様であり、追加された装甲の強度や主推進機性能は航空宇宙軍正規フリゲート艦と比較すれば、大きく見劣りした。構造的には軸対称の多段円筒型艦首部に、居住区と本来のペイロード部(兵装搭載)を備え、艦尾の重水素燃料による融合エンジン部との間をフレームで結合して、その空きスペースに推進剤タンクを搭載し、推進機が重心位置から離れてレイアウトされていることや、最も危険な推進剤タンクが中央に設置されていることが示すとおり、高機動によるドッグファイトをはじめとする近接戦闘にはまったく不適当であり、一撃離脱以外の戦術的選択肢の採り難い艦である。

当初は情報収集船として就役し、開戦直前に500tの自重増を伴う兵装が施されて仮装巡洋艦となったが、就役からその最期まで、ニルス・ヘルナー・タイタン軍中佐率いる8名のクルーによって運用され、開戦直後のアトランティックステーション襲撃作戦以降、外惑星連合軍の主力戦闘艦として動乱終結直前まで活躍した。その最期は主推進機故障による太陽系離脱→シリウス星系方面への暴走で、9名の乗員は全員未帰還となっている。

仮装巡洋艦バシリスク関連年表

2090年代初頭	外惑星連合発足。航空宇宙軍、外惑星連合を仮想敵とし、艦隊の再編成へ
2098年	カリストにて、「タナトス戦闘団」編成される
2099年6月21日	外惑星連合の奇襲により、第一次外惑星動乱勃発
2100年4月 7日	仮装巡洋艦バシリスク、シリウス方面へ暴走。太陽系から姿を消す
2100年7月11日	第一次外惑星動乱終結
2123年7月	天王星第6衛星エリヌスでクーデター勃発。航空宇宙軍が鎮圧
2140年代？	第二次外惑星動乱勃発
2250年	シリウス宙域にて、仮装巡洋艦バシリスク発見される

航空宇宙軍史

バシリスクが登場する『仮装巡洋艦バシリスク』は、土木工学畑の出身で、建設会社に勤務経験のある日本のハードSF作家・谷甲州による同一の世界設定を用いたSF作品群「航空宇宙軍史」の1冊である。

タイトルにもなっている航空宇宙軍の誕生に始まり、宇宙開発と惑星間戦争の歴史を描く大河ドラマであり、すきのない綿密かつ地味な科学技術考証と、宇宙戦争という主題を単に戦闘行為だけではない多面的な視点で描いている作者の姿勢により、ハードSFが非常に少ない国産作品の中でもとりわけ際立った作品になっており、主に理系の読者からの高い支持を得ている。

単行本はすべてハヤカワ文庫JAから刊行されていて、すでに刊行されているのは前述の『仮装巡洋艦バシリスク』をはじめ、『星の墓標』『火星鉄道一九』『巡洋艦サラマンダー』『最後の戦闘航海』『エリヌス －戒厳令－』『カリスト －開戦前夜－』『タナトス戦闘軍』『終わりなき索敵』など。

初出作品データ

●小説『仮装巡洋艦バシリスク』　谷甲州 著　1985年　早川書房

No.092

バトルスター・ギャラクティカ

Battlestar Galactica

ユニバーサル映画がTVシリーズとして製作したスペースオペラ『宇宙空母ギャラクティカ』にて人類最後の希望となった巨艦。

●人類滅亡の危機を救うため

戦闘ロボット・サイロンが、いつの間にか思考回路を入手し自己進化を遂げ、創造者たる人類に叛《はん》旗《き》を翻した。両者は激しい死闘を展開し、多大な犠牲を出した後に、和平に至る。そして、サイロンたちは人類の勢力圏から姿を消した。

その和平から40年後、人々は平和に慣れ、対サイロン戦争初期に建造され人類の一線を護ってきた宇宙空母ギャラクティカも博物館に改装されようとしていた。

そんなある日、突如サイロンが人類の前に姿を現した。彼らは40年の間にさらなる進化を遂げていた。サイロンの軍勢は人類の惑星・コロニーに総攻撃を仕掛ける。サイロンのネットワーク攻撃により、人類のバトルスター艦隊は崩壊。生き残ったのは、最新のネットワークにつながっていない、老朽艦ギャラクティカだけだった。

ギャラクティカのアダマ艦長は生き残った人々を率いて、サイロンたちの知らない伝説の星「地球」を目指す。だが、サイロンの追撃は激しく、生き残った人々の中にもサイロンのスパイが紛れ込んでいた。ギャラクティカの長く、激しい戦軌は続く。

人類最後の希望となったギャラクティカは全長2,000m、乗組員2,800名の巨艦で、もはや「宇宙船」の枠を超えた、銀河を翔《か》ける機動要塞とはいえ、武装として24の大型旋回砲塔と 392もの小型旋回砲塔を装備している。

しかし、ギャラクティカの真の武器は、「宇宙空母」の名の示すとおり艦載機である。宇宙戦闘機コロニアルヴァイパーは、2連装レーザー砲と対艦ミサイルで武装しており、その強力な武装はたび重なるサイロンの攻撃から避難船団を護り続けてきた。

サイロンとの戦い

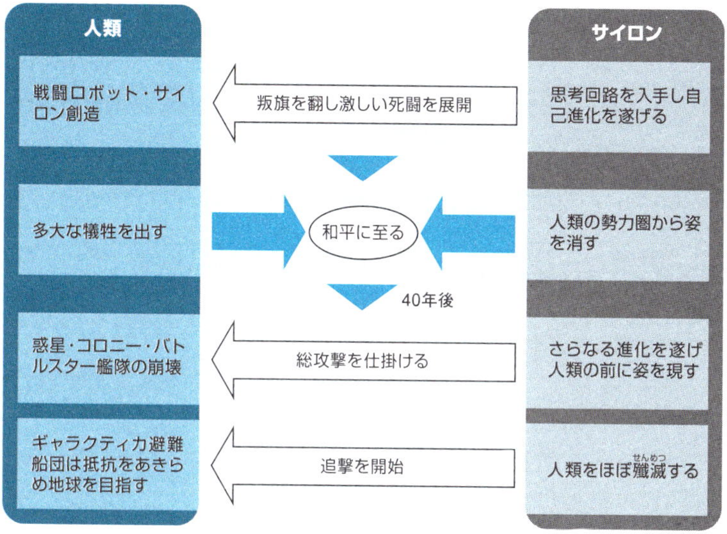

ギャラクティカ避難船団

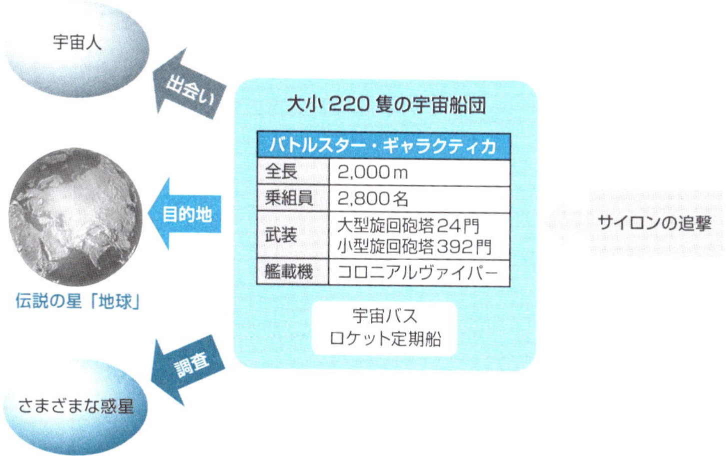

バトルスター・ギャラクティカ	
全長	2,000m
乗組員	2,800名
武装	大型旋回砲塔24門 小型旋回砲塔392門
艦載機	コロニアルヴァイパー

初出作品データ（日本語版）

●映画『宇宙空母ギャラクティカ』　リチャード・A・コーラ 監督　1979年　ユニバーサル映画

No.093

スカイラーク号

Skylark

E・E・スミスの小説『宇宙のスカイラーク』にて、太陽系を含む銀河系から隣の島宇宙へと飛び出した宇宙船である。

●宇宙を行く「ひばり」

ワシントンDCのレアメタル研究所の物理化学者リチャード・シートンは、偶然発見した未知のプラチナ属の金属Xが、サイクロトロンが発生させる力場の影響下で、銅を100％の効率でエネルギーに転換する触媒として働くことを発見した。ロケット研究家のマーチン・レイノルズ・クレインに相談をもちかけたシートンは金属Xを含有する廃液の瓶が処分される前にこれを落札、研究所を辞職してクレインとともにシートン・クレイン工業会社を設立。金属Xのもたらす新エネルギーの実用化を目指すとともに、これを動力源とする念願の宇宙船を建造した。シートンの婚約者であるドロシー・ヴェインマンによって「ひばり《スカイラーク》」と命名されたこの船は、分厚い強化鋼で建造された、直径40フィートの球型をした宇宙船である。放射状の6本の特殊合金鋼製の巨大な支柱によって船体が支えられ、船内は甲板や隔壁で仕切られて幾つかの階層や区画に分かれている。大気圏内では音速の3、4倍の速度、宇宙空間においては超光速での航行が可能であり、開発者のシートンは「相対性原理からして超光速はありえない」との声を、「相対性原理は理論にすぎない。これは観測された事実だ」と一刀両断している。レアメタル研究所でのシートンの同僚の1人であり、天才的な科学者マーク・C・デュケーヌ博士は、研究所で唯一、シートンの発見の重要性に気付いた科学者であった。ワールド・スチール社のブルッキングズをそそのかし、金属Xの溶液の一部とシートンの研究ノートを強奪したデュケーヌは、自らも宇宙船を建造してドロシーを誘拐、逃亡する。後に、惑星オスノームのデュナークの協力で強固な構造のスカイラーク2号が、イルカのような外見をしたダゾール人と知性あふれるノラルミン人の協力で初代の20倍はある巨大宇宙船スカイラーク3号が建造されている。

スカイラーク号をめぐる人間関係

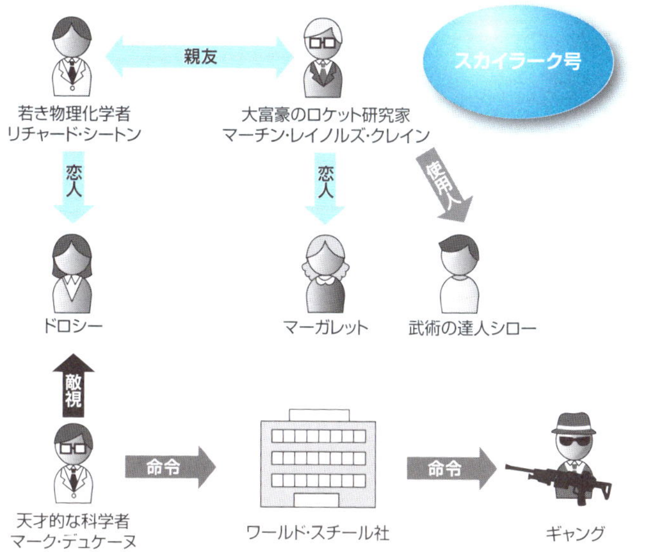

スペースオペラの父E・E・スミス

エドワード・エルマー・スミスは、スペースオペラの父とも言うべきSF小説界の巨匠である。スミスは1920年ごろに、処女作『宇宙のスカイラーク』を執筆した。だが、当時の雑誌界では受け入れてもらえなかった。やがて、アメリカ最初のSF専門誌「アメージング・ストリーズ」が創刊され、スミスは売込みに成功。同誌で大人気となった。当時の「アメージング・ストリーズ」等には、エドモンド・ハミルトンらがスペースオペラを発表していたが、それらは太陽系内を舞台とした作品ばかりだった。それに対して、スミスは一気に舞台を太陽系外に広め、そのスケールに読者たちは熱狂したのである。

スミスはその後、スカイラークシリーズから離れ、よりスケールの大きなレンズマンのシリーズを展開した。それでも、スミスはスカイラークを忘れなかった。

シリーズ最終作『スカイラーク対デュケーヌ』をスミスが執筆したのは最晩年のことだった。そして、この作品が彼の遺作となったのである。

初出作品データ（日本語版）

●小説『宇宙のスカイラーク』　E・E・スミス 著　1967年　東京創元社

No.094

コメット号

Comet

1930年代末、黄金期のアメリカSF界にあって燦然と輝く金字塔。エドモンド・ハミルトンの生み出した「キャプテン・フューチャー」の愛機！

●太陽系最速の宇宙船

時は未来。所は宇宙。光すら歪む果てしなき宇宙へ、愛機コメットを駆るこの男。宇宙最大の科学者であり冒険家、カーティス・ニュートン――だが、人は彼をキャプテン・フューチャーと呼ぶ。生物学者ロジャー・ニュートンの一人息子、カーティス・ニュートンが月の研究所で生を享けたのは1990年の秋から冬にかけてのころ。ヴィクター・コルボによって命を落とした両親の遺志により、サイモン・ライト教授と人型ロボットのグラッグ、合成人間オットーから英才教育を受けた赤髪の青年カーティスは、ライト教授からすべてを明かされたその日に全太陽系の未来のためあらゆる邪悪に敵対することを決意、キャプテン・フューチャーと名乗るのである。

コメット号はキャプテン・フューチャーとその仲間たち――フューチャーメンが、独自に設計・開発した涙滴型の高速宇宙船である。イナートロン合金製の壁面と絶縁物質の三重構造になっている強靭《きょうじん》な船体の外壁は生半可な実体弾などものともせず、陽子をビーム状に発射するプロトン砲を両舷に1門ずつ装備。このほかにも彗星《すいせい》カモフラージュ装置や天文観測用途の高性能な天体望遠鏡やスペクトルスコープなどを搭載している。アステロイドベルトから木星まで全速力で20時間という、太陽系最速のスピードを実現する駆動機関は、銅やコバルト、鉄などの金属を燃料として消費し、原子エネルギーを出力として取り出す円筒形のサイクロトロンである。制御物質としてカルシウムを必要とし、「宇宙囚人船の反乱」事件の際にはカルシウムの存在していない小惑星から脱出するために、カーティスが自らを犠牲にして自身の体に含まれるカルシウムを使用しようとしたこともある。後に超光速航行を可能とする振動ドライブや航時推進器が搭載され、コメット号は時空間を超えて飛翔《ひしょう》する船となった。

キャプテン・フューチャーとフューチャーメン

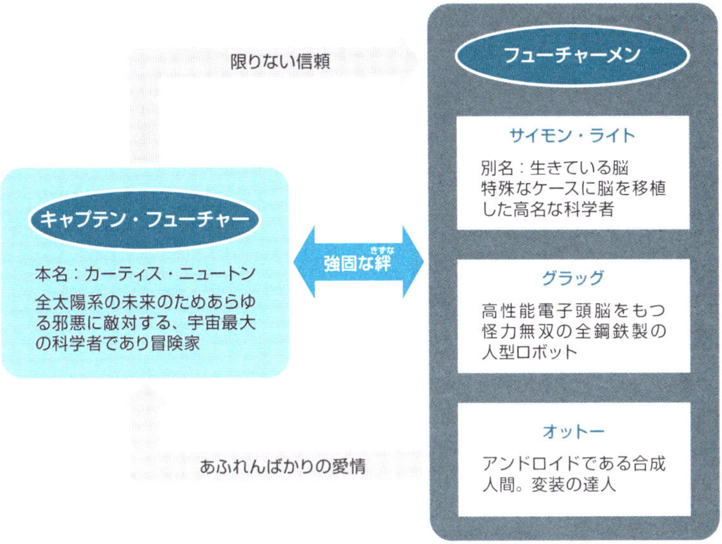

サイクロトロン

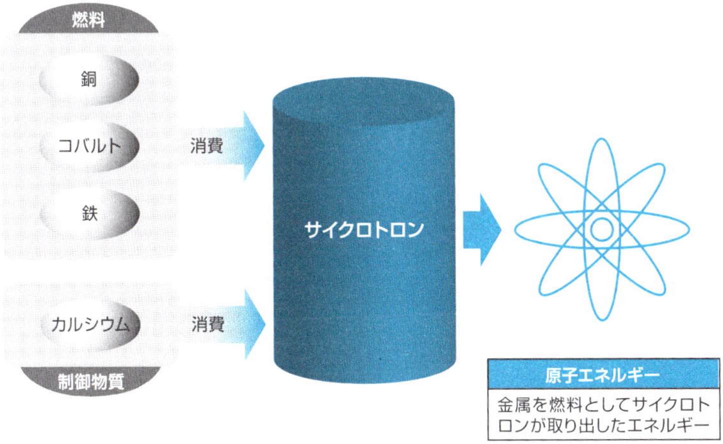

初出作品データ（日本語版）

●小説『太陽系七つの秘宝』　エドモンド・ハミルトン 著　1966年　早川書房

No.095

星詠み(フォーチュナー)号

Fortuner

伊東岳彦の描く燃えるスペースオペラ『宇宙英雄物語』において、護堂十字に受け継がれた精霊石を核とする涙滴型宇宙船。

●虚構の遺産

「真なる太陽系」と呼ばれる魔力《マナ》に満ちたもうひとつの太陽系において、「混沌《こんとん》」の陣営から恐れられた燃えるような赤毛の持ち主、宇宙英雄キャプテン・ロジャー・フォーチュンの駆った伝説的な涙滴型宇宙船。全長23.2m、最大径8m。留学先の火星で魔法科学を学んでいたロジャー・アドレアン・グリフィス青年が、太陽系を「法」と「混沌」に二分する宝玉戦争の最中にアステロイド・ベルトの奥深くに住まう調停者ホルトに授けられた精霊石テ・オ・カロアを核に建造した。発動機はUKT(アメリカ精霊連合王国)のジェネラル・アソニック社製のフロギストロン・ジェネレータGA-466、推進器は火星ナクド・ビルク社のエーテル・リアクターBILEAM-E12をそれぞれ搭載、秒速1,000マイルを超える航行が可能である。外装は一定のシンボルパターンで埋め尽くされ、魔力によって防御力を増している。兵装は前部に集中し、30ミリ砲2門にビーム砲4門、そして艦首の聖霊砲2門。聖霊の力により量子レベルですべての運動エネルギーを制御することができる聖霊砲は別名をマックスウェルの悪魔砲とも呼ばれ、全開で放てば月を消し飛ばすことも可能な威力をもっている。

最初の出撃は1940年。木星域で地球船籍の「ラック・ジョバー」を襲撃していた宇宙海賊を倒したその時、ロジャー・アドレアン・グリフィス——キャプテン・ロジャー・フォーチュンの名前は全太陽系に知れわたった。

しかし、「混沌」陣営の神官、星海王ブラスとの戦いで子々孫々まで影響を及ぼす強大な呪いとともに乗艦もろとも真なる太陽系から追放されたロジャーはグリフィス財団を設立、いつか帰還する日に備え、恒星高校の地下に星詠み号を隠蔽《いんぺい》する。彼の悲願と星詠み号は孫である護堂十字のちにキャプテン・ゴドーと呼ばれる赤毛の少年に受け継がれた。

涙滴型宇宙船

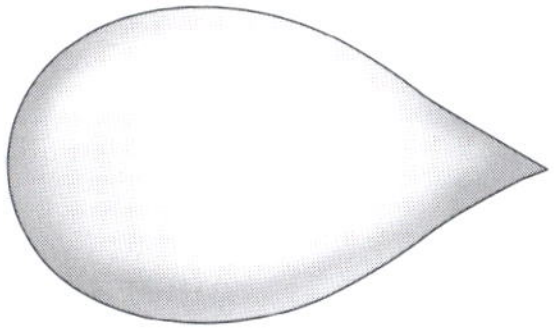

星詠み（フォーチュナー）号のスペック	
全長	23.2m
最大径	8m
発動機	フロギストロン・ジェネレータ GA-466
推進器	エーテル・リアクターBILEAM-E12
兵装	30ミリ砲2門 ビーム砲4門 聖霊砲2門

涙滴型宇宙船

水滴型、液滴型ともいい表す形。英語ではティア・ドロップとなる。

抵抗を受け難い形のため、海中を行く潜水艦などに採用されている。

主な乗員	キャプテン・ロジャー・フォーチュン （真なる太陽系の宇宙英雄） キャプテン・ゴドー （キャプテン・ロジャーの孫）

2つの太陽系

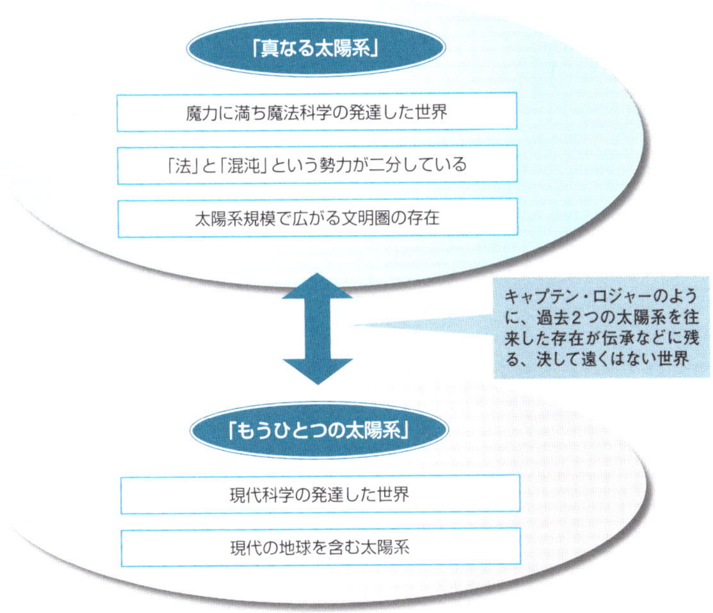
「真なる太陽系」
魔力に満ち魔法科学の発達した世界
「法」と「混沌」という勢力が二分している
太陽系規模で広がる文明圏の存在
キャプテン・ロジャーのように、過去2つの太陽系を往来した存在が伝承などに残る、決して遠くはない世界
「もうひとつの太陽系」
現代科学の発達した世界
現代の地球を含む太陽系

初出作品データ

●コミック『宇宙英雄物語』 伊東岳彦 著　1989年　角川書店

No.096

サジタリウス号

Sagittarius

星くずの海を行く弱小運送業者トッピーとラナの人情味あふれるキャラクターが好評を博したTVアニメ『宇宙船サジタリウス』の貨物宇宙船。

●弱小企業のオンボロ宇宙船

イタリアの物理学者アンドレア・ロモリの漫画を原作とするSFアニメーション作品『宇宙船サジタリウス』に登場するオンボロ宇宙船。

サジタリウス号は、宇宙の弱小運送業者「宇宙便利舎」に所属する中古貨物宇宙船であったが、同社が倒産した後はいったん「宇宙コスモサービス社」に船籍が移った後、搭乗員であったトッピーとラナに退職金代わりに払い下げられた。船名の「サジタリウス」は射手座の意で、船腹には弓と矢を模したシンボルマークがプリントされている。

離着陸時にはロケットのように垂直で運用されるが、通常航行時には前半のコクピットブロックと後半のカーゴ・推進ブロックに分離し、通路がそれぞれをつなぐ構造となる。主推進は船体後部のロケット・エンジンを用いる。恒星間航行を行っているが、ロケット推進以外の航行技術については作品中で触れられていないため、ワープなどの超光速航行機関を搭載しているかどうかは不明である。コクピットブロックを大気圏突入を伴う惑星探査船として運用したり、長距離航行時には通路部分を囲むように予備燃料タンクを装着できるなど、旧式ながら汎用《はんよう》宇宙船としての運用性は高い。ただし操縦レバーが折れる、燃料タンクへ障害物がぶつかり燃料漏れが発生する、メインエンジンが故障して操縦不能になるなど、故障は日常茶飯事であり、航行中に船外修理を行うことも多い。船外修理はコクピットブロックに搭載されている3機の船外作業用ポッドを使用して行う。

なおサジタリウス号には、大気圏突入時に船内の温度上昇を防ぎ、冷却する熱防護システムが搭載されていないため、大気圏突入時にはサウナ状態となる船内では「指令エックス」が発令され、クルーは着衣を脱いで船内の温度上昇を必死に我慢するのである。

貨物宇宙船サジタリウス号

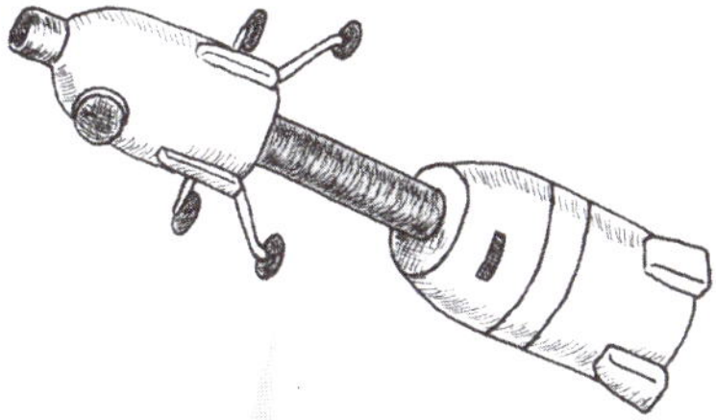

コクピットブロックと後半のカーゴ・推進ブロックから成り、大気圏突入を伴う惑星探査船として運用もできる汎用性の高い宇宙船

弱小運送業者「宇宙便利舎」所属の宇宙船

↓

「宇宙便利舎」が倒産し「宇宙コスモサービス社」に船籍が移る

↓

搭乗員であったトッピーとラナに退職金代わりに払い下げられた

オンボロさかげんは？

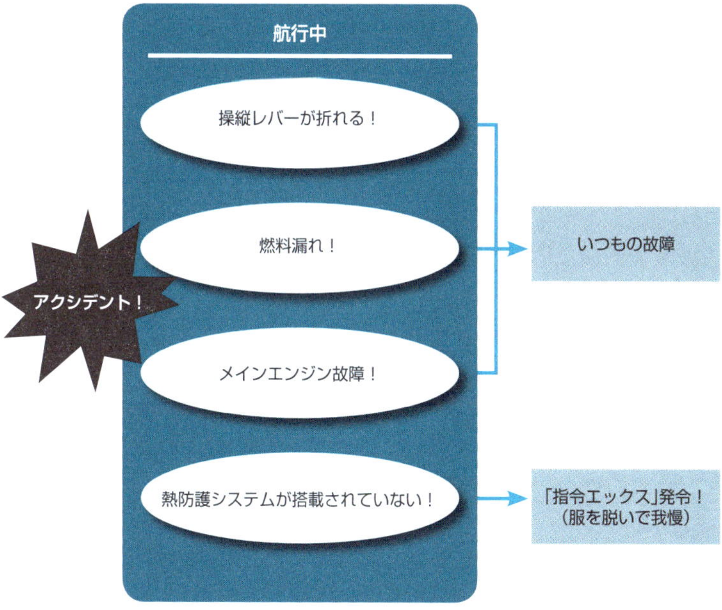

初出作品データ

●TVアニメ『宇宙船サジタリウス』　1986年　日本アニメーション

No.097

リープタイプ

Leap Type

長谷川裕一の代表作、全銀河を舞台にした壮大なスペースオペラの傑作、『マップス』に登場した女性型の宇宙船群。

●進化する船

翼を広げた優美な天使を思わせるフォルムの船体が特徴の宇宙船群。ファースト・ボーンと呼ばれるマザーシップから20万年前に生まれた同型機であり、銀河伝承族の計画のため銀河系の諸惑星に炭素系生物の種子をまいた。中でも辺境星Θ－Ψ30で発見されたヒューマノイドタイプの種族は地球を含む数多くの惑星に根付かされ、監視のためにこれらの星を訪れたリープタイプの姿は、彼らの間に共通する「翼をもつ者」についての神話や伝説のルーツとなった。リープタイプの中枢頭脳体は女性型の半有機合成人間であり、船体から離れて独立行動することができる。破損した頭脳体は、コアさえ無事ならば船体で完全に再生することができ、各機体に搭載されている手動装置で乗組員が直接操縦することも可能。かつて1,000機近くあったリープタイプは、当初の目的達成後にそのほとんどが廃棄処分となったが、これを免れた若干の機体のうち、リプラドウを長姉とする6人の「幽霊船」が惑星リングロドを監視していた。この1体であるリプミラーは、銀河伝承族に仕えていたカリオンが裏切った際に彼の持ち船となり、他の船との戦闘によって頭脳体を破壊されて記憶を喪《うしな》った後はリプミラ・グァイスの名を与えられ、宇宙海賊として育てられた。

進化する船であるリープタイプは、環境や戦闘経験によって独自の装備を自己開発する船である。なかでも特殊な進化を果たした機体は銀河伝承族の兵器コレクター、アマニ・オーダックの収集対象となり、ニードル・コレクションと呼ばれる暗殺戦隊に配属されている。また、リープタイプは基本的に女性型であるが、竜型戦闘生物ライ族によってリプミラ号の複製として建造され、リープタイプの宇宙船とドッキングして交配することの可能なイレギュラー、黒竜型戦闘艦ダード・ライ・ラグン号が存在する。

リープタイプの誕生と目的

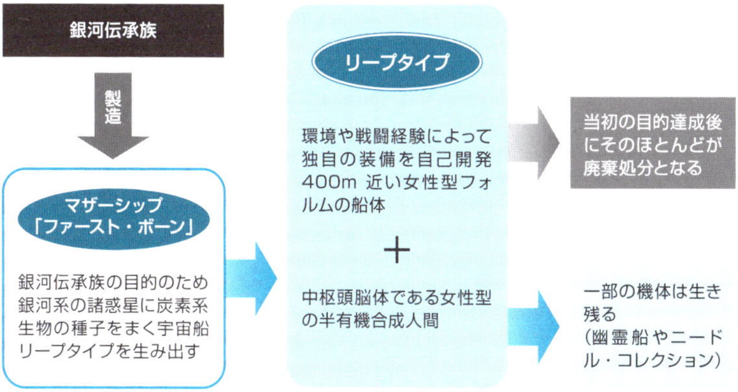

リープタイプの種類

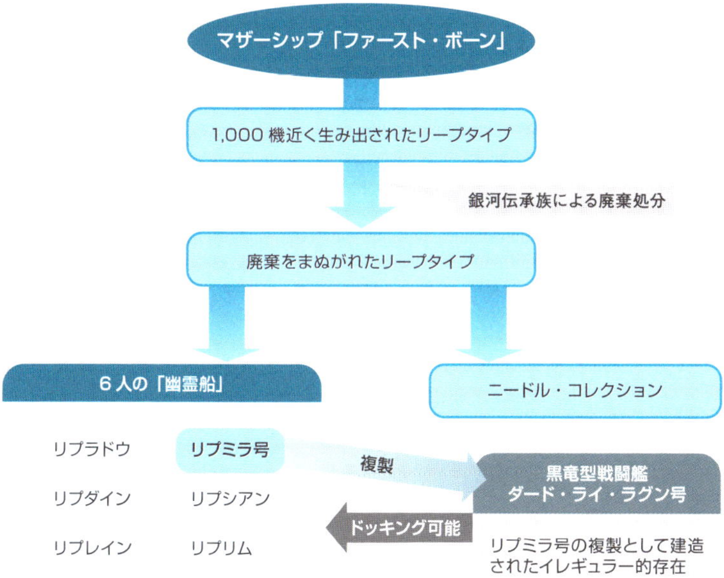

初出作品データ

●コミック『マップス』　長谷川裕一 著　1987年　学習研究社

No.098

ムーンライトSY-3

Moonlight SY-3

東宝の看板「ゴジラ」シリーズの『怪獣総進撃』において、あまたの怪獣と比較してさえ遜色ない存在感を示した国連所属の調査用宇宙船。

●可変後退翼の宇宙往還機

国連科学委員会所属の調査用宇宙船サーブY型3号機。NASA（アメリカ航空宇宙局）のオービタよりもさらに洗練されたシャープな形状の宇宙往還機で、宇宙空間では太陽エネルギーによる原子力ロケットで推進し、大気圏内では可変後退翼を備えたジェット機として運用可能である。

小笠原の怪獣ランドに隔離・保護されていた怪獣たちを操り、世界各地で暴れさせていたキラアク星人のコントロール電波の発信源が月であることを国連科学委員会が突き止めた後、月へと打ち上げられたムーンライトSY-3は月面のコントロール装置を破壊し、地球に戻った後は伊豆上空で異星人の最終兵器ファイアー・ドラゴンと死闘を繰り広げた。キラアク星人は、火星と木星の間にあるアステロイド・ベルトにおいて高度の化学文明を築いたエイリアンで、一見してケープをまとった地球人女性のような姿をしているが、その正体は高温の鉱石生物であり、温度が下がると石化してしまう。空飛ぶ円盤のような形状をしたファイアー・ドラゴンの正体は直径およそ40mの炎の固まりであり、SY-3の乗組員を焼き殺そうとするが、冷却弾攻撃を受けて撃退された。

SY-3が大気圏を離脱する際にはオプションの打ち上げ用ロケット・ブースタを装着し、垂直状態で大気圏への再突入も可能である。このブースタとのドッキング時、全長124mに及ぶ。全幅32m、最大径10m、全高31m。ミサイル4門を装備し、調査用の月面探検車を1両格納している。その流線型のフォルムはSF人形劇『サンダーバード』に登場するサンダーバード1号をモデルにしているといわれ、SY-3自体も後にアニメーション作品『ふしぎの海のナディア』のクライマックスに登場するN-《ニュー》ノーチラス号のモデルになった。

地球人類対キラアク星人

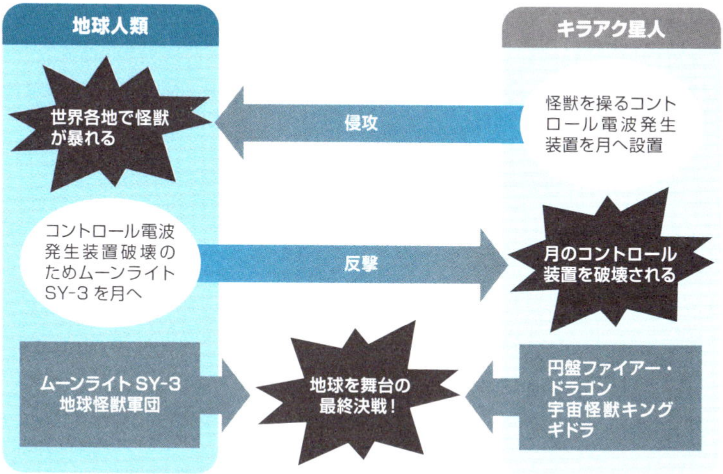

ムーンライトSY-3のデザインと影響

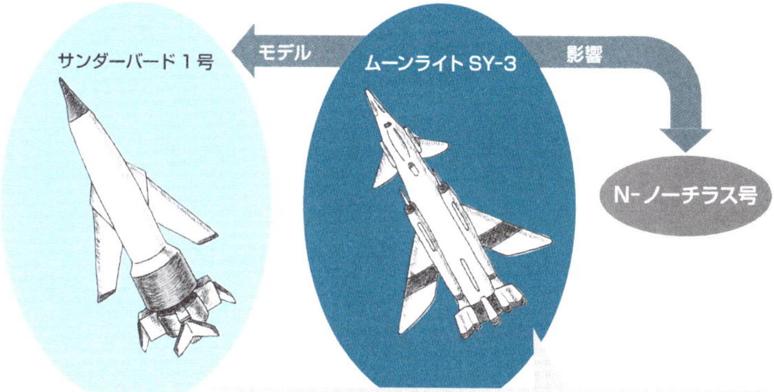

東宝特撮映画に登場した兵器のなかでも人気の高い「ムーンライトSY-3」はイギリスの『サンダーバード』の「サンダーバード1号」をモデルにしたといわれている。

そのシャープなデザインは、ジュール・ヴェルヌ『海底二万リーグ』を原作としたアニメーション作品『ふしぎの海のナディア』に登場する宇宙船「N-ノーチラス号」のデザインに大きな影響を与えた。

初出作品データ

●映画『怪獣総進撃』　本多猪四郎 監督　1968年　東宝

No.099

メガゾーン

MEGAZONE

オリジナルビデオアニメ『メガゾーン23』のタイトルの由来でもある再現された1980年代の東京を内包する巨大都市型宇宙船。

●偽りの都市世界

戦争によって破壊され、地球に居住不能となった人類が建造した巨大都市型宇宙船の1隻。その内部には「一番良い時代」であったと考えられた1980年代の東京都23区が再現され、巨大コンピュータ・バハムートによる情報・精神操作で、居住民は東京に暮らしているという幻覚を見せられて、外の世界が存在しないことに疑問を抱かずに生活していた。

500年にわたる宇宙放浪の末、メガゾーンはあらかじめプログラムされたスケジュールに従い、地球への帰還の選択を行うことになった。この選択はバハムートの端末である「7G」のオペレータとして無作為抽出された人物の回答に委ねられ、その回答が帰還に値するものであれば地球への帰還がかなう、というシステムであった。

しかし、バハムートの情報操作から外れた場所で、1980年代と大差ない技術水準のまま、高度技術に裏付けられた同系船であるデザルグからの攻撃にさらされた軍は、これに対抗する目的でバハムートにかけられたプロテクトを解除し、そこに蓄積された先進技術情報を引き出そうとしていた。

このデータ解析作業により、可変バイク・ハーガンが実用化され、さらに強力な可変型バイク・ガーランドが試作されている。

このガーランドこそが、軍が求める7Gの端末であったというのは皮肉というほかないが、搭乗者となった矢作省吾が7Gオペレータとなり、バハムートが生成したバーチャル・アイドルの時祭イブとのコンタクトを取って地球への帰還を目指すこととなる。

なお、バハムートの名は聖書に登場する、ベヒモス（Behemoth）のアラビア語読みで、イスラムの伝承では「神が創った世界を支える大魚」と伝えられている。

メガゾーン内の体制

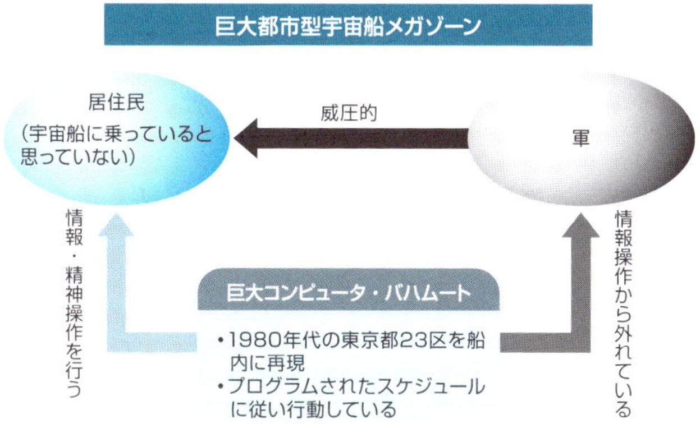
巨大都市型宇宙船メガゾーン
居住民
(宇宙船に乗っていると思っていない)
威圧的
軍
情報・精神操作を行う
情報操作から外れている
巨大コンピュータ・バハムート
・1980年代の東京都23区を船内に再現
・プログラムされたスケジュールに従い行動している

地球帰還の選択

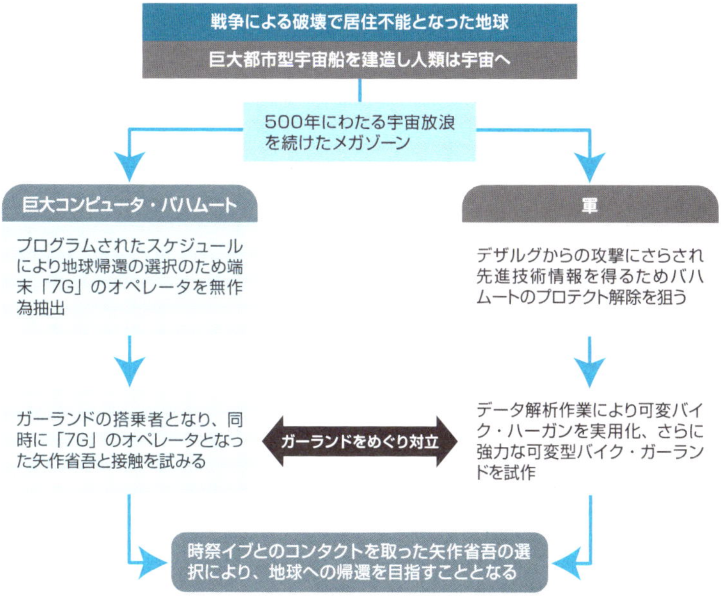
戦争による破壊で居住不能となった地球
巨大都市型宇宙船を建造し人類は宇宙へ
500年にわたる宇宙放浪を続けたメガゾーン
巨大コンピュータ・バハムート
プログラムされたスケジュールにより地球帰還の選択のため端末「7G」のオペレータを無作為抽出
軍
デザルグからの攻撃にさらされ先進技術情報を得るためバハムートのプロテクト解除を狙う
ガーランドの搭乗者となり、同時に「7G」のオペレータとなった矢作省吾と接触を試みる
ガーランドをめぐり対立
データ解析作業により可変バイク・ハーガンを実用化、さらに強力な可変型バイク・ガーランドを試作
時祭イブとのコンタクトを取った矢作省吾の選択により、地球への帰還を目指すこととなる

初出作品データ

●オリジナルビデオアニメーション『メガゾーン23』　石黒昇 監督　1985年　ビクターエンタテインメント

No.100

ディスカバリー号

Discovery

スタンリー・キューブリック、アーサー・C・クラークが名を連ねた映画史に残るSF映画「2001年宇宙の旅」に登場した宇宙船。

●秀逸なデザイン

ディスカバリー号は、人類最初の有人木星探査計画「木星計画」の基幹となる有人惑星探査宇宙船である。管制コードはXD-1。地球軌道上で建造され、地球－月間のテスト飛行を終えた2001年、ボーマン船長を含む5人の乗員と、船全体を制御するコンピュータHAL9000を載せて2年間にわたる探査フライトへと出発した。推進方式は熱核反応炉によるプラズマ推進。人間の精子を模したとされる形状になっていて、前方の球状のユニットにおいては遠心力による人工重力が発生し、居住区と作業用ポッド・ベイ、HAL9000の設置されているロジック・メモリー・センターが配置されている。推進力を生み出す熱核反応炉は球状ユニットの反対側、棒状に伸びる支柱の先端にあり、その形状から地球上より発着陸することは最初から考慮されていない、全き意味での宇宙船であることがうかがえる。イリノイ大学アーバナ校のシバスブラマニアン・チャンドラセガランピライ博士が開発したHAL9000は、チューリングテストをクリアする高度な人工知能を備えているが、乗員に極秘で入力されていた任務の存在により自己矛盾が生じて「発狂」し、乗員5名をことごとく排除する行動に出たため、生き残ったボーマン船長により物理的に停止させられる。

2010年、ソ連籍の探査宇宙船レオーノフ号に乗り込んだアメリカとソ連の共同チームが、連絡を絶ったディスカバリー号の調査に出発。木星圏で発見されたディスカバリー号には、生きている乗員の姿はまったくなかった。かつての部下であり、今は人間ではないエネルギー生命体となったボーマン船長から、15日以内に木星から離れるよう警告を受けたヘイウッド・フロイド博士らレオーノフ号の乗員たちは、ディスカバリー号の船体をブースタ・ロケットとして利用し、地球へと帰還する計画を立てる。

2001年・2010年でのディスカバリー号

棒状のユニット
→ 熱核反応炉

球状のユニット
→
- 居住区
- 作業用ポッド・ベイ
- ロジック・メモリー・センター

- 人間の精子を模したとされる形状
- 地球上より発着陸することは考慮されていないデザイン

2001年

有人木星探査計画「木星計画」のため5人の乗員とコンピュータHAL9000を乗せ探査フライトへ出発。

途中、HAL9000の「発狂」により4人の乗員を失う深刻な事態に陥るも木星圏に到達。

2010年

調査におとずれたレオーノフ号により木星圏にて発見される。

その後、レオーノフ号の地球帰還のため、船体をブースタ・ロケットとして利用される。

発見時、チャンドラセガランピライ博士により機能停止していたHAL9000の復旧が行われている。

HAL9000

HAL
Heuristically-programed **AL**gorithmic computer

↓

ディスカバリー号6番目の乗員である、宇宙船全体を制御する高度な人工知能を備えたコンピュータ

高度な性能、極秘任務による自己矛盾で「発狂」、乗員を排除していく

↓

危機を察知したボーマン船長により物理的に停止させられた

初出作品データ（日本語版）

●映画『2001年宇宙の旅』　スタンリー・キューブリック 監督　1968年　MGM

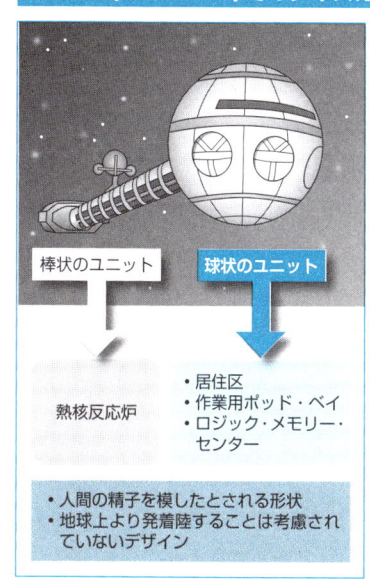

No.101

JX-1 隼号

JX-1 Hayabusa

地球に衝突するコースをとる超重力星ゴラスに立ち向かう人類の姿を描く東宝の特撮映画『妖星ゴラス』にてゴラス観測を行った宇宙船。

●地球の危機を告げた宇宙船

11兆8千億円の莫大《ばくだい》な予算をつぎ込んで開発された、日本宇宙省最初の純国産の土星観測有人探査船。1979年、10人の乗組員を乗せて富士山麓《さんろく》の宇宙港から打ち上げられた後、10月15日に到着予定の土星を目指して順調に航行プランを消化していたが、地球太陽系第一放送による地球の6,000倍の質量をもつらしい褐色矮星《わいせい》ゴラス発見の報を受信したことがこの宇宙船の運命を変えてしまう。隼《はやぶさ》号の園田艇長は独断でプランを修正、ゴラス観測へと向かったが、恒星が収縮した超重力星ゴラスの引力圏に囚われてしまった。1979年12月、地球上の各国がクリスマスに浮かれるなか、JX-1隼号は地球の命運にかかわる重要な観測データを送信した後に消息を絶つ。隼号の乗員たちが命と引き換えにもたらしたデータは、ゴラスが地球との衝突軌道をとっていることを示していた。衝突のタイムリミットは1982年2月の中旬。莫大な予算を費やしたプロジェクトを中断させてしまった園田艇長の行動について責任追及の声が飛び交うなか、この危機的な事実を目の当たりにした日本宇宙物理学会の田沢博士を中心とした科学者たちは、国連科学会議において南極に1,000本以上のジェットパイプを設置し、核融合ロケットによる660億メガトンの推進力で地球そのものを公転軌道上から動かしてしまい、ゴラスの進行方向からずらすというコペルニクス的転回ともいうべき起死回生の策を提案。かくして、国家の利害を超えた全地球規模の巨大プロジェクト「南極計画」が発動する。

機体後部の強力なメインロケット1基によって推進力を得、4枚の補助翼にそれぞれ小型の補助ロケット、逆推進ロケットなどを備えている。

JX-1隼号の同型艦としてJX-2鳳《おおとり》号が建造されており、ゴラス観測の任を与えられたが、なかなか予算がおりなかった。

ゴラス観測へ

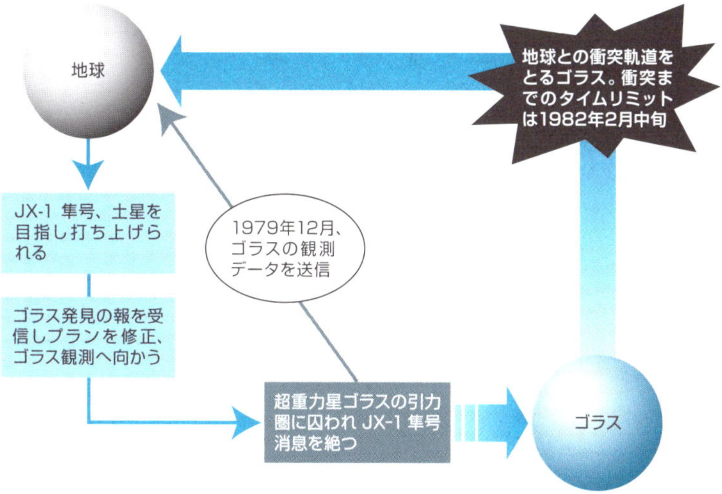
地球
地球との衝突軌道をとるゴラス。衝突までのタイムリミットは1982年2月中旬
JX-1 隼号、土星を目指し打ち上げられる
1979年12月、ゴラスの観測データを送信
ゴラス発見の報を受信しプランを修正、ゴラス観測へ向かう
超重力星ゴラスの引力圏に囚われ JX-1 隼号消息を絶つ
ゴラス

南極計画

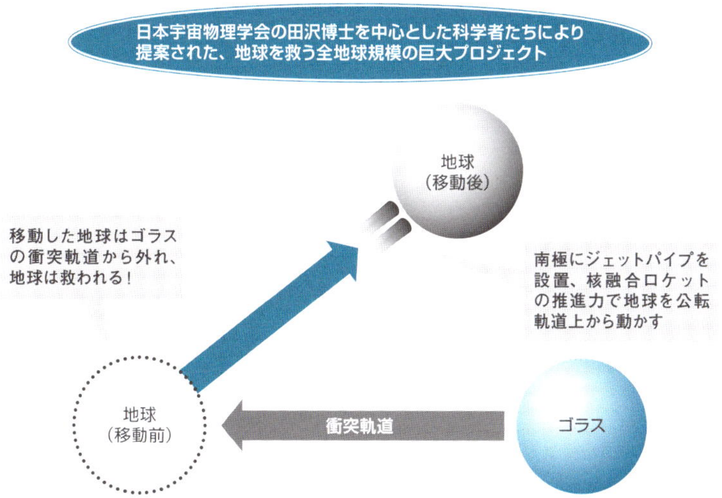
日本宇宙物理学会の田沢博士を中心とした科学者たちにより提案された、地球を救う全地球規模の巨大プロジェクト
地球（移動後）
移動した地球はゴラスの衝突軌道から外れ、地球は救われる！
南極にジェットパイプを設置、核融合ロケットの推進力で地球を公転軌道上から動かす
地球（移動前）
衝突軌道
ゴラス

初出作品データ

●映画『妖星ゴラス』　本多猪四郎 監督　1962年　東宝

No.102

アルカディア号

Arcadia

コミック・映画・TVアニメなど数々の媒体で展開していった松本零士の『宇宙海賊キャプテンハーロック』において自由と浪漫を象徴する艦。

●君が望むならこの艦に乗れ

アルカディア号とは、腐敗しきった政治権力に背を向けて、宇宙の海に自由という名の旗を掲げる無法者、宇宙海賊キャプテンハーロックの駆る強力な戦艦であり、古代ギリシアの理想郷に由来するその艦名には、ハーロック家に連なる男たちの夢と浪漫《ろまん》が託されている。

設計者はハーロックの親友であり、クイーン・エメラルダスの恋人でもあった天才的技術者、大山トチロー。不治の病魔に冒されたトチローは、かつてハーロックとともに建造した最初の船、デスシャドウ号の眠る惑星ヘビーメルダーにて、銀河鉄道999に乗ってこの星を訪れた星野鉄郎に看取られながら息を引き取るが、死の直前にその意識をアルカディア号の中央大コンピュータに移している。全宇宙に5丁しか存在せず、真の宇宙の戦士のみが所有するというコスモドラグーン、「戦士の銃」の異名で知られるリボルバー型の次元反動銃もトチローの手になるもので、ハーロックが所有しているのはシリアルNo.1。

デスシャドウ号の2番艦でもある初代アルカディア号は、全長400mを超えるダイオウイカの形状を模した巨大な戦艦であり、乗員は40人とトリ1羽と猫1匹。次元振動砲、次元振動流体砲などの強力な武装を備えている。大航海時代の海賊船を思わせるデザインの艦尾キャビンには操舵輪《そうだりん》が設置され、黒地に白い髑髏《どくろ》を染め抜いた海賊旗がはためいている。

マッコウクジラの頭部を思わせる艦首に巨大な髑髏のレリーフを掲げる現在のアルカディア号－三連主砲を3門装備した「わが青春のアルカディア号」は、この初代アルカディア号に輪をかけて強力な戦闘艦で、あらゆる時空を通じてこの艦に匹敵するのは別次元において幾度となく地球の危機を救った「宇宙戦艦ヤマト」と「超時空戦艦まほろば」のみとされている。

アルカディアの名を冠す

アルカディア号
古代ギリシアの理想郷に由来する

ハーロック家に連なる男たちの傍らにある機体の名称

- **複葉機**
  オーエンスタンレー山脈越えに挑んだファントム・F・ハーロックの乗機
- **メッサーシュミット Bf 109G**
  ドイツ空軍パイロット、ファントム・F・ハーロックⅡの乗機
- **デスシャドウ号２番艦**
  ・初代アルカディア号である宇宙戦艦
  ・植物生命体マゾーンの侵略時に活躍
- **わが青春のアルカディア号**
  ・艦首に巨大な髑髏のレリーフを掲げる現在のアルカディア号
  ・異星人イルミダス、いにしえの闇の主、惑星プロメシュームでの戦闘で活躍

アルカディア号をめぐる相関図

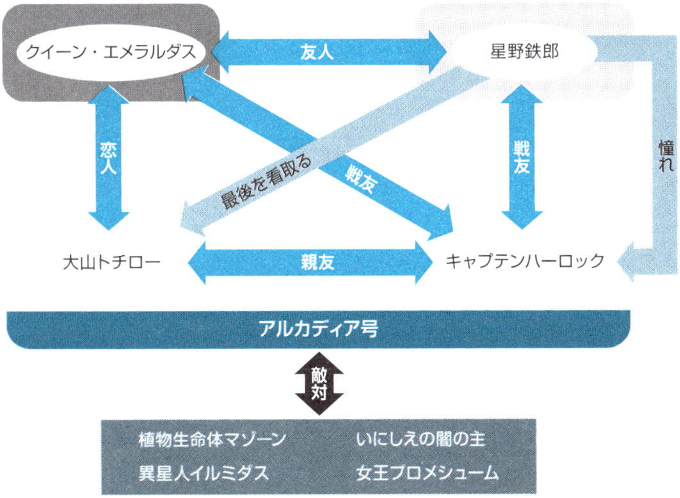

初出作品データ
●コミック『宇宙海賊キャプテンハーロック』 松本零士 著 1977年 秋田書店

No.103

ラジェンドラ

Rajendra

神林長平の手がける人気シリーズ「敵は海賊」に登場する高機動宇宙フリゲート艦。ラテルチームの一員として、今日も海賊を退治していく。

●敵は海賊

広域宇宙警察の一部門でありながら、あらゆる命令系統に優先される捜査権限をもち、実質的には太陽系連合自体とも渡り合うことのできる実力を有し、時に海賊以上に海賊的とも揶揄《やゆ》される海賊課に所属する巨大な矢尻型の高機動宇宙フリゲート艦。通常は射撃の名手である一級刑事ラウル・ラテル・サトル、黒猫のような姿をした異星系出身の一級刑事アプロと「一人と一匹と一艦」のトリオを組んで海賊事件の捜査にあたり、A級に分類される高度な人工知能を搭載するも、長い間、問題刑事2名と組んでいるうちにすっかりひねくれたヒステリーもちの性格に成長してしまっているのだが、当人（艦）にその自覚はない。

政財界に強い影響をもつ実業家ヨーム・ツザキの影に隠れ、太陽系の宇宙海賊を背後から操るシャローム・ツザッキィ——匋冥《ようめい》の異名で知られる伝説的な海賊の乗艦である宇宙戦闘母艦カーリー・ドゥルガーに対抗し得る唯一の艦である。鏡面加工された漆黒《しっこく》の船体は時に禍々《まがまが》しく、宿敵であるカーリー・ドゥルガーに見まちがえられることもある。直接砲火を交える戦闘ではなく対コンピュータ戦に長けており、海賊版コンピュータと呼ばれる非合法のコンピュータを搭載していない限り、あらゆる電子頭脳を瞬時にその支配下におくことができる。また、艦載兵器の中では最も破壊的な威力を誇るCDSは、一定範囲に存在するあらゆる電子頭脳を破壊することができ、海賊版コンピュータもその威力を免れない。CDSは精密照準での放射も可能だが、時間がかかるなど実戦向きではないので、通常無指向で使用され、海賊課が味方からも忌《い》み嫌われる要因のひとつになっている。確率論的なワープ航法を可能にするΩドライブのほか、将来的には空間リバーサ、DICSなどの超兵器が装備される。

海賊課と海賊の対立構造

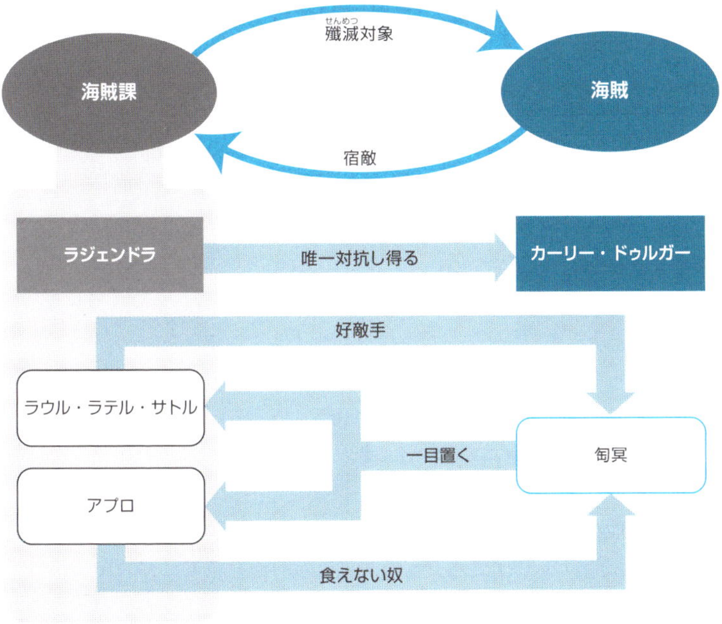

ラジェンドラ号の性能

対コンピュータ戦	あらゆる電子頭脳を瞬時にその支配下におくことができる
CDS	一定範囲に存在するあらゆる電子頭脳を破壊することができる
Ωドライブ	確率論的なワープ航法 情報を先に送りこむ 物体の存在確率をどこにあっても等しい状態にする 移動する場所での存在確率を高める 移動する場所へ実態を送りこむ 高まった存在確率により「存在してもおかしくない」状態で実体化

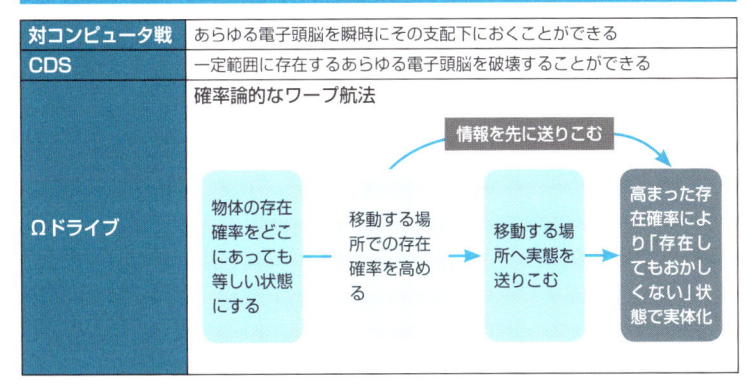

初出作品データ

●小説『狐と踊れ』　神林長平 著　1981年　早川書房

No.104

宇宙船地球号

Spaceship EARTH

人類のすべてが特殊な訓練も莫大な費用もかけず、自然なまま宇宙を旅している。我らが宇宙船、その名は地球号。

●我々は地球に生きている

「宇宙船地球号」という、覚えやすく、しかも人々に大きな共感を沸き起こさせる名称をもたらした、「現代のレオナルド・ダ・ビンチ」バックミンスター・フラーは、1895年にマサチューセッツ州ミルトンに生まれている。ハーバード大学中退後アメリカ海軍に入隊し、航海術と弾道学から予測の技術に興味をもったという。第一次世界大戦終結後に軍籍を離れるが、事業に失敗し長らく極貧の生活を余儀なくされる。

1927年にシナジー幾何学を発見、最小の材料・最小のエネルギーを最大効率で利用するというダイマクションの着想を得る。1935年に相対性理論について述べた原稿を書き、これは1938年にアインシュタインの推薦で、“Nine Chains to the Moon”として出版された。そして、1963年、『宇宙船「地球」号』において宇宙船地球号という概念を発表。地球の四半世紀先を予見した内容で構成され、コンピュータについても語られている。また、エネルギーは失われ続けやがて消滅するというエントロピーの法則、ダーウィンの進化論、富や資源の差により生じる階級闘争を謳《うた》ったマルクスの思想により形成された世界を批判し、発想の転換を促した。

人類は宇宙船地球号を自由に操縦することはできないが、化石燃料や原子力エネルギーなど使わずに、太陽や月の生み出す自然エネルギーにより存在してきた地球のもつ、互いに連携しあうシステムに人類があわせていくことで、間接的ながら進路を決められるとするフラーの地球像は、使用される自然エネルギーが完全に循環し、秩序だって釣り合った、調和のとれたものであり、この概念はエコロジー運動にも強い影響を与えた。

2006年、宇宙船地球号には65億を超す人類が、他の多くの生命とともに乗り込んでいる。

宇宙船地球号

宇宙船地球号	
直径	12,756km
公転周期	365日
自転周期	24時間
主な乗員	人類（約65億）

46億年前に誕生したとされる宇宙船（惑星）。太陽系の第三惑星とされ、太陽の周りを楕円の軌道で周回している。

別名を水の惑星ともいい、その由来となる海から原始生命が誕生してより現在まで、数多くの生命を育む生命圏をもつ。

現在、乗員のなかで最も繁栄している種である人類は、今後のよりよい舵《かじ》取りをせまられている。

バックミンスター・フラーの生涯

1895年	アメリカのマッサチューセッツ州ミルトンに生まれる
1913年	ハーバード大学に入学（1914年に退学、1915年に復学するも再び退学する）
1917年	アメリカ海軍に採用される
1919年	アメリカ海軍を辞め、会社勤めを経て事業を起こす
1926年	事業に失敗、極貧の生活を余儀なくされる
1927年	シナジー幾何学の発見、ダイマクションの着想を得る
1938年	アインシュタインの推薦で“Nine Chains to the Moon”出版
1944年	ダイマクションの着想によるダイマクション・ハウス（ウィチタハウス）を試作
1947年	最も有名な発明とされるジオデシック・ドーム完成
1959年	南イリノイ大学の教授に就任
1963年	『宇宙船「地球」号』において宇宙船地球号という概念を発表
1983年	死去。88歳

初出作品データ（日本語版）

●一般書『宇宙船「地球」号』　バックミンスター・フラー 著　1972年　ダイヤモンド社

索引

な

は

ま

や

ら

わ

重要ワードと関連用語

英数字

■1.5段式
単段式ロケットの機体周りに、補助ブースタとなるロケットを組み合わせて作られたロケット。

■Apogee（アポジー）
→遠地点

■CNSA
中国国家航天局
（China National Space Administration）

■ESA
ヨーロッパ宇宙機構
（European Space Agency）

■FAI
→国際航空連盟

■FSA
ロシア連邦宇宙局
（Federal Space Agency）

■g
重力加速度のこと（単位：m/s^2）。「g」は重力を表す英語「gravity」の頭文字。現在は標準重力加速度の値として$9.80665m/s^2$が規定されている。

■G
加速度の単位。標準重力加速度と同じ加速度は1Gと表せる。スペースシャトルの打ち上げ時、宇宙飛行士は最大で約3Gの加速度を体験する。

■GPS
Global Positioning System（グローバル・ポジショニング・システム）の略称。地球上空に打ち上げられている約30個の人工衛星を利用することで、地球上や地球上空の現在位置を調べることができるようにしたシステム。全地球測位システムなどと呼ばれることもある。

■JAXA（ジャクサ）
宇宙航空研究開発機構
（Japan Aerospace Exploration Agency）

■NASA（ナサ）
アメリカ航空宇宙局
（National Aeronautics and Space Administration）

■NASDA（ナスダ）
宇宙開発事業団
（National Space Development Agency of Japan）

■OMS
→軌道操作システム

■Perigee（ペリジー）
→近地点

■RCS
→リアクション・コントロール・システム

■Reaction Control System
→リアクション・コントロール・システム

■retro-rocket（レトロロケット）
→逆噴射ロケット・エンジン

■STS
Space Transportation System（宇宙輸送システム）の略。米国スペースシャトル計画の正式名称。シャトルの飛行任務名には「STS-」に数字やアルファベットを組み合わせた形式で個別の名前が付けられている。

■UTC
協定世界時。1972年1月1日にGMT（グリニッジ標準時）から置き換えられたもので、現在は世界各国の標準時の基準となっている。日本標準時（JST）は、UTCよりも9時間進んだ設定になっており、「＋0900（JST）」のように表す。本書では、日時の記述には、調査可能な限りUTC（協定世界時）を用いている。

あ

■アブレータ

宇宙船の熱シールドに使われる材質のうち、高熱にさらされたとき昇華、溶融、炭化などの変化を起こして熱を吸収する材質のこと（フェノール、シリコン、エポキシなど）。大気圏再突入時の空力加熱による高温から宇宙船を守るために使われる。アポロ宇宙船の司令船は、底面にフェノール樹脂のアブレータを備えていた。

■引力

2つの物体が引き合う力。

■ウィング・スパン

→翼長

■内之浦宇宙空間観測所

JAXAのロケット打ち上げ基地、および宇宙空間観測施設。カッパ、ラムダ、ミューなどのロケットによる天文観測衛星や惑星探査機の打ち上げ、およびそれらの追跡、管制業務を行っている。施設名に付けられている内之浦は、鹿児島県の大隅半島東部にあった町の名前。内之浦町は2005年7月1日に高山町と合併したことにより肝付町となっている。ここから打ち上げられた日本最初の人工衛星「おおすみ」は、施設がある大隅半島にちなんで名付けられた。

■液体酸素

液化した酸素。液体燃料ロケット・エンジンの酸化剤として使われる。略称はLOX、またはLO2など。

■液体水素

液化した水素。液体燃料ロケット・エンジンの燃料として使われる。略称はLH2。比重が軽いため、十分な量を詰めるためには非常に大きな燃料タンクが必要となる。スペースシャトルの打ち上げ用主エンジン、H-ⅡAロケットなどが燃料に液体水素を採用している。

■液体燃料ロケット・エンジン

液体燃料（液体水素、ケロシンなど）と液体酸化剤（液体酸素、四酸化二窒素など）を推進剤として使うロケット・エンジン。個別のタンクから送り出された燃料と酸化剤を燃焼させることでガスを噴出させて推進力を得る。燃料と酸化剤の送り出し方を調節することにより燃焼制御が可能で、推進力の強弱を変えたり、燃焼を一時的に停止させたり、ふたたび点火したりできる。

■円軌道

宇宙船、人工衛星、自然の天体などがとる円形の軌道のうち、真円に近い形状の軌道をさす。真円から遠い形状の軌道は楕円軌道という。

■遠地点

「えんちてん」と読む。ある天体の周りを回る楕円軌道上で、天体からもっとも遠くなる地点。英語では「apogee」。

■オービタ

地球上空などの周回軌道（orbit：オービット）を回る人工衛星や宇宙船のこと。狭義にはスペースシャトル・システムの有人宇宙船（スペースシャトル・オービタ）を指す。

■音速

音が伝わる速さ。0℃、1気圧の大気

中なら秒速約331m（時速1,193km）で、温度が1℃上がるごとに秒速0.61mずつ速くなる。国際民間航空機関（ICAO）が定めた世界標準の大気状態（ISA）では、秒速約340m（時速約1,225km）。一般に、この速度をマッハ1として航空機などの速度を表すことが多い。

■音速の壁

音の壁ともいう。音速に近い速度や、さらには音速を超えようとする速度域で航空機を飛ばそうとするときに生じるさまざまな困難のこと。音速の壁はエンジン性能や機体設計技術の向上によって克服された。初めて音速を超えて飛行した有人飛行機は、1947年にチャック・イェーガーが操縦したX-1である。

か

■会合周期

ある時点における太陽、地球、およびある惑星の位置関係が、再び同じになるまでの時間。言い換えると、地球上からある天体を見たとき、その天体が太陽に対して同じ位置に戻ってくるまでの時間。

■カウントアップ

カウントダウンによって残り秒数が「0」となった後、さらに秒読みを続けて「0」からの経過秒数を数えること。

■カウントダウン

ある時刻までの残り秒数を数えること。ロケットの打ち上げ時などに行われる。

■ガス・ジェット装置

→リアクション・コントロール・システム

■可動ノズル

遠隔操作によって動かすことができる首振り式のノズル（ロケット・エンジンの燃焼ガス吹き出し口）。ノズルを動かすことで推進力がはたらく方向を変えられる。

■カプセル型宇宙船

主に円錐形や釣鐘型の気密容器式構造体を採用した宇宙船のこと。ロケットのペイロードとして打ち上げられ、宇宙飛行後は大気圏への再突入を経て地球へ帰還する。基本的に使い捨て式で、再利用されることはない。マーキュリー、ジェミニ、アポロ、ヴォストーク、ヴォスホート、ソユーズ、神舟などの有人宇宙船はすべてカプセル型宇宙船の範疇に含まれる。

対になる用語はスペースシャトル・オービタに代表される有翼の「再利用型宇宙船」である。ひところは再利用型こそが次世代の中心的な役割を担う宇宙船だという意見も多かった。しかし、メンテナンスにかかる時間やコスト、さらには安全性確保の面などからも、従来のカプセル型宇宙船の有用性が見直されている。有翼型に比べて構造やデザインをシンプルにできるため姿勢制御が容易であることも大きな利点である。構想段階にあるオリオン（コンステレーション計画）やふじ（ふじ計画）もカプセル型の宇宙船を採用している。

■慣性飛行

ロケット・エンジンを停止させて、宇宙空間を一定の速度で飛行すること。

■気圧

一般には大気圧のこと。地球をおおう大気の層は、空気の重さによって海面の1平方cmあたりに約1kgの圧力をかけている。この海面の大気圧を基準とした標準大気圧は、1気圧＝1013.25ヘクトパスカルと定義されている。

■軌道操作システム

宇宙空間で宇宙船の飛行軌道を変える際に加速や減速をするためのロケット・エンジン、およびその制御システム。OMS（Orbital Maneuvering System）などとも呼ばれる。

■軌道修正

→軌道変換

■軌道変換

起動操作システムを使って宇宙船の軌道を変えること。地球周回軌道を飛ぶ宇宙船は、軌道変換によって高度を変えたり、赤道を基準とした際の軌道の傾きを変えたりすることができる。他の宇宙船へ接近（ランデブー）したりドッキングしたりする際、あるいは月の周回軌道に乗る際などにも軌道変換が行われる。

■逆噴射

宇宙船の減速を目的にしたロケット・エンジンの噴射。地球周回軌道から離脱して大気圏へ再突入するときなどに行われる。一般に逆噴射用ロケット・エンジンは船体の後部にあるので、逆噴射をする場合はまず姿勢制御用ロケット・エンジンで船体の後部を進行方向に向ける作業が必要になる。なお、海上ではなく地上に帰還するタイプのカプセル型宇宙船には、着地の寸前に逆噴射をして衝撃を和らげるためのロケット・エンジンを備えたものもある。

■逆噴射ロケット・エンジン

宇宙船に備えられているロケット・エンジンのひとつ。宇宙空間での飛行中、飛行軌道を変える際の減速に使われる。

■近地点

「きんちてん」と読む。ある天体の周りを回る楕円軌道上で、天体にもっとも近くなる地点。英語では「perigee」。

■空力加熱

空気の中を物体が高速で移動するとき、物体が押しのけようとする空気が圧縮され、物体周囲の空気が高温になる現象。温度の上昇は物体の移動速度の2乗に比例する。スペースシャトル・オービタが大気圏へ再突入する場合、もっとも高温な部分は1500℃ほどにも達する。

■クラスタ・ロケット

何本かのロケットを束ねた形式のロケット。既存のロケットを使って大きな推力のロケットを構成することができるため、新たな大型ロケットを開発するよりも低コストで信頼性の高いロケットを作ることができる。ロシアのソユーズ・ロケットは5本のロケットを束ねたクラスタ・ロケットである。

■クルー

宇宙船に乗り組む宇宙飛行士チーム全体、またはチームの各メンバー。

■ケロシン

液体燃料ロケット・エンジンや、航空機のジェット・エンジンなどに使われる燃料。石油類の液体で無色。成分的には灯油とよく似ている。ケロシンを燃料とするロケット・エンジンでは、酸化剤に液体酸素を用いることが多い。英語のつづりは「kerosine」。

■減速飛行

空気抵抗を利用したり、逆噴射ロケットを作動させたりして、減速しながら飛行すること。

■国際航空連盟

各種のスカイスポーツ（一般航空機、ヘリコプター、気球、グライダー、模型航空機、パラグライダー、スカイダイビング、人力飛行機など）を統括する国際組織。各種目について世界記録の認定や管理も行っている。連盟には国際宇宙記録委員会が置かれており、高度100㎞以上を宇宙空間と規定している。創立は1905年で、本部はスイス・ローザンヌ。

■極超音速

音速の約5倍以上の速度。

■固体燃料ロケット・エンジン

酸化剤と燃料を混ぜ合わせて作られた固体状の「コンポジット推進剤」を使うロケット・エンジン。いったん点火すると燃焼の一時停止や再点火が非常に難しいため、液体燃料ロケット・エンジンのような燃焼制御はできないのがふつう。その代わり、構造を比較的に簡単にできるうえ、大きさの割には強力なロケットを作ることができる。液体燃料ロケット・エンジンのように推進剤の蒸発などを心配する必要がほとんどなく、保管にも便利。大型ロケットの打ち上げ時に推力を補う「補助ブースタ」には固体燃料ロケット・エンジンを使ったものが多い。

さ

■再利用型宇宙船

繰り返し何度も使える宇宙船のこと。代表はスペースシャトル・オービタ。旧来のカプセル型宇宙船は基本的に使い捨て式だったが、再利用型宇宙船を開発すれば後の宇宙飛行にかかるコストを削減できるのではないかという発想から実用化された。しかし、宇宙飛行から戻った機体のメンテナンスにはたいへんな手間と時間がかかり、実質的な経済効率は使い捨て式のカプセル型宇宙船よりも悪くなってしまった。また、大気圏内を航空機のように飛んで着陸するスペースシャトル・オービタは、カプセル型宇宙船に比べると船体の形状や構造が非常に複雑となる。このため、高度な姿勢制御技術が必要で、耐熱対策も難しくなるなどの問題もあった。日本のHOPE、ESAのエルメス、ロシアのブラーンなどもスペースシャトル・オービタによく似た再利用型宇宙船であるが、宇宙輸送システムとして実用化はされなかった。

■サブオービタル・フライト

→弾道飛行

■酸化剤

燃料を燃焼させるために必要となる物質で、酸素、または酸素の代わりをするもの。液体燃料ロケット・エンジンでは液体酸素や四酸化二窒素など、固体燃料ロケット・エンジンでは過塩素酸アンモニウム（AP）や過マンガン酸カリウムなどが用いられる。

■姿勢制御

飛行軌道上で宇宙船の向きなどをコントロールすること。実際の制御には姿勢制御用ロケット・エンジン（スラスタ）の噴射などが使われる。また、スペースシャトル・オービタのような有翼式の宇宙船は、大気圏再突入後に翼の操舵による姿勢制御も行われる。

■姿勢制御用ロケット・エンジン

宇宙船に備えられた小型のロケット・エンジンで、宇宙空間での飛行中、および大気圏再突入時などに宇宙船の向きや姿勢をコントロールするために使われる。ロケット・エンジンとその制御システムをまとめてリアクション・コントロール・システムと呼ぶこともある。

■射座

→発射台

■射場

ロケットやミサイルの打ち上げ基地。「しゃじょう」と読む。

■周回軌道

ある天体の周りを回る環状の軌道。地球上空を回る周回軌道は地球周回軌道という。

■自由帰還軌道

宇宙船で地球を出発し、ある天体を目指す際、途中でエンジンの噴射などを行わなければ、目的の天体の裏側を回って自動的に地球へ戻ってることができる飛行コースのこと。13号以前のアポロ宇宙船は自由帰還軌道を使って飛行し、月へ接近したら減速して月面上空の周回軌道へ入る方法をとっていた。

■重力

天体の表面にある物体が天体から受ける力のことで、天体の引力、および天体の自転による遠心力の合力。ちなみに地球での重力を1と考えると、月での重力は0.17、火星での重力は0.38となる。

■重力加速度

→g

■衝撃波

空気中などで起きた強い圧力の変化が、音速を超える速さの波となって伝わる現象。航空機や地球に帰還する宇宙船など、音速を超える速さで飛行する機体からは衝撃波が生じる。衝撃波が地上に届くときは音波となっているのがふつうで、大きな爆発音のように聞こえる。この音をソニック・ブームという。

■自律航法

地上基地からのリモート・コントロールや指示などに頼らず、宇宙船内のコンピュータシステムによる判断だけで航行する方法。

■真空

圧力が非常に低い空間のこと。大気圧に比べてどれくらい気圧が低い空間かを表すための目安を真空度といい、高度が高くなるほど真空度は高くなる。宇宙空間は、地球上の大気や気圧にあたるものがほとんどない真空である。スペースシャトル・オービタや国際宇宙ステーション（ISS）が飛行する高度400kmあたりからは「高真空」、高度1,000kmを超える宇宙空間は「超高真空」と呼ばれる。物や圧力がまったくない状態を「絶対真空」と呼ぶが、これはあくまでも概念的なものである。

■推進剤

ロケット・エンジンで使われる燃料と酸化剤をまとめた呼称。

■推進飛行

ロケット・エンジンを作動させて、加速しながら飛行すること。

■推力

物体を推し進める力。化学式ロケット・エンジンの場合は、燃焼ガスの噴出によってロケットを推し進める力を意味する。単位には重量キログラム（kgf）が用いられる。

■スイングバイ

天体の重力を意図的に利用することで、宇宙船や人工衛星の飛行コースを変える技術。また、天体の公転運動を利用し、宇宙船や人工衛星の加減速をする技術。スイングバイを利用すると、大きなロケット・エンジンを装備していない宇宙船や人工衛星でも、効果的な軌道修正や加減速が可能となる。重力アシスト、または重力ターンという呼称もある。

■スカイラブ

米国が打ち上げた宇宙ステーション、および宇宙ステーションと地上を往復する宇宙船。1973年5月14日に打ち上げられた1号は、アポロ計画で使われたサターンVロケットの3段目を改造して作られた宇宙ステーション。2号以降は1号へ往復飛行して乗員を運ぶための宇宙船である。宇宙船にはアポロ計画の司令船と機械船が流用された。

■ステージ

多段式ロケットの各段のこと。

■ステージング

複数の段（ステージ）で多段式ロケットを構成すること。

■スペース・プレーン

地上の滑走路から離陸し、宇宙を飛行して再び地上の滑走路へ帰還する宇宙船。「スペースシップワン」はスペース・プレーンに近い特徴を持つと考えられる。

■スラスタ

宇宙船や人工衛星に備えられた小型のロケット・エンジン。主に姿勢制御用ロケット・エンジンを指す。

■静止衛星

静止軌道を飛行する人工衛星のこと。地球が1回自転するのと同じ約24時間で軌道を1周するため、地上からは上空に静止しているように見える。通信衛星や気象衛星など、各種の人工衛星が静止衛星として打ち上げられている。

■静止軌道

赤道上を通る高度約36,000kmの地球周回軌道。この軌道を飛行する人工衛星を静止衛星と呼ぶ。

■静止トランスファ軌道

静止衛星を静止軌道へ乗せる際に使われる飛行軌道のひとつ。静止衛星はいったん高度約200km程度のパーキング軌道上に乗り、静止トランスファ軌道を使って静止軌道へと投入される。静止トランスファ軌道は、パーキング軌道上に近地点、高度約36,000kmの静止軌道に遠地点を設定した楕円軌道となる。

■ソニック・ブーム

衝撃波が地上に届いたときに聞こえる大きな爆発音のような音。

た

■第1宇宙速度

地球周回軌道をぐるぐると飛び続けるために最低限必要な速度。空気抵抗や地上の凹凸を無視すると、秒速約7.9kmの速度を出せば地上すれすれ（高度0km）の地球周回軌道を飛行できる。一般にはこの理論的な数値である秒速約7.9kmを第1宇宙速度と呼んでいる。周回軌道の高度が上がるほど必要な速度は下がり、実際に高度350km程度の地球周回軌道をとぶ場合は秒速約7.7km、高度36,000kmの静止軌道では秒速約3.1kmの速度を出せばよい。なお、第1宇宙速度は惑星の大きさや質量によって変わる。

■第2宇宙速度

地球の重力を振り切って飛行するために最低限必要となる速度（秒速約11.2km）。地球脱出速度ともいう。

■第3宇宙速度

地上から出発した宇宙船が、太陽の重力を振り切って太陽系から飛び出すために最低限必要な速度（秒速約16.7km）。太陽脱出速度ともいう。

■大気

天体の周囲を覆う気体の層。地球の大気は一般的に空気と呼ばれており、上空へ行くほど薄くなる。

■大気圏

天体の周囲で大気が存在している範囲。地球の大気圏は地上に近いほうから温度の分布に従って対流圏（上空8～17㎞）、成層圏（対流圏の上約50㎞付近まで）、中間圏（約50～80㎞）、熱圏（約80㎞～700㎞）に分けられている。

■耐熱タイル

断熱タイルともいう。セラミックス繊維を主な素材として焼き固められたタイル。白色で大変に軽く、発泡スチロールに似た外見をしている。スペースシャトル・オービタで使われている耐熱タイルは、縦横各200㎜、厚さは最大で約100㎜の大きさに成型されており、船体に貼り付けられたナイロン・フェルトの上に並べるように貼り付けられる。ナイロンフェルトを介さないと、飛行中などに船体に生じるゆがみへタイルの変形が追いつかず、破損してしまうのだ。

■太陽脱出速度

→第3宇宙速度

■待機軌道

→パーキング軌道

■楕円軌道

宇宙船、人工衛星、自然の天体などがとる楕円形の軌道。ある天体の周りを回る楕円軌道の場合、天体からもっとも遠くなる軌道上の地点を「遠地点」、天体にもっとも近くなる地点を「近地点」という。ケプラーが発見した「惑星は太陽を焦点のひとつにした楕円軌道上を動く」という法則は、ケプラーの第1法則と呼ばれている。なお、軌道が真円に近い場合は「円軌道」という呼び方が使われる。

■多段式ロケット

複数のロケット・エンジンを組み合わせた構成のロケット。3基のロケット・エンジンを垂直に積み重ねたロケットは3段式ロケットといい、ロケットを直立させた状態のとき最下部に来る部分は1段目、中間を2段目、最上部を3段目（または最終段）と呼ぶ。ペイロードは最終段の上に搭載されるのが一般的。打ち上げるときは、まず1段目を噴射して上昇。1段目は推進剤がなくなった時点で切り離し、2段目のロケット・エンジンに点火して加速。2段目の推進剤が無くなったら同様に切り離し、3段目のロケット・エンジンに点火という手順でさらに加速する。不要になった段を切り離すことでロケットの質量を減らせるため、質量比を大きくすることが可能で、効率よく速度を得られる。現在、世界各国で使われている主な打ち上げ用ロケットのほとんどが2段、または3段の多段式である。

■種子島宇宙センター

日本で最大の射場（総面積約860万平方m）。種子島は鹿児島県南部にある大隅諸島を構成する島のひとつ。種子島宇宙センターは島の東南端に位置し、竹崎および大崎の2射場、追跡管制所、レーダー・ステーション、光学観測所、ロケット・エンジンの地上燃焼試験場などの各施設からなる。ロケットの打ち上げに必要な発射前整備作業、実際の打ち上げ、打ち上げ後の追尾などすべての作業を行うことができる。

■単段式ロケット

ロケット・エンジンをひとつだけ使うロケット。1段式ロケットともいう。

■弾道飛行

放物線状の軌道をとる飛行方法。初期の宇宙船は、放物線の弧の頂点が高度80～100㎞の宇宙空間へ到達するような弾道飛行を行っていた。周回軌道に乗らない宇宙飛行ということから、準軌道飛行（サブ・オービタル飛行：Sub-orbital spaceflight）とも呼ばれる。

■地球脱出速度

→第2宇宙速度

■超音速

音速（秒速約340m）を超える速度。

■低軌道

高度約1,400㎞以下の地球周回軌道。国際宇宙ステーション（ISS）、スペースシャトル・オービタなど、現行の有人宇宙船が主に飛行している軌道である。もう少し範囲を狭めて、高度約250～500㎞程度の軌道を指すこともある。

■ドッキング

複数の宇宙船や人工衛星が宇宙空間で船体を結合させること。宇宙船や宇宙ステーションの搭乗員交代や、物資類の補給、修理作業などに活用されている。

■トランスファ軌道

宇宙船や人工衛星が目的の軌道へ移るためにとる飛行軌道。たとえば、パーキング軌道上の人工衛星が静止軌道へ移るための軌道は静止トランスファ軌道と呼ばれる。

な

■熱シールド

カプセル型宇宙船の底面など、大気圏へ再突入する際に空力加熱で高温となる部分に取り付けられる熱防護システムのこと。熱シールドとしてよく使われるのはアブレータだ。

■ノズル

ロケット・エンジンの燃焼ガス吹き出し口のこと。

は

■パーキング軌道

宇宙船や人工衛星が、目的の軌道へ移る前に投入される一時的な待機用の低軌道。待機軌道ともいう。パーキング軌道から目的の軌道へ移るための軌道はトランスファ軌道という。

■ハイブリッド・ロケット・エンジン

液体（または気体）状の酸化剤と固体状の燃料を使用するロケット・エンジン。酸化剤の送り出し方を調節することで、液体燃料ロケット・エンジンと同様の燃焼制御が可能。世界初の民間による有人宇宙船「スペースシップワン」に搭載されたハイブリッド・ロケット・エンジンは、燃料に末端水酸基ポリブタジエン（HTPB）、酸化剤に亜酸化窒素が用いられた。

■発射台

打ち上げの際にロケットやミサイルが据えられる台。ローンチ・パッドともいう。

■発射台クリア

→ローンチ・タワー・クリア

■万有引力

2つの物体の間にはたらく普遍的な引力のこと。万有引力は2つの物体の質量の積に比例し、距離の2乗に反比例する。ニュートンによって発見された。

■微少重力

ほとんど体感できないくらいのわずかな重力。一般に無重量（無重力）といわれる状況下でも、完全に重力の影響がなくなるわけではなく、微少重力がはたらいている状態と考えられる。

■標準大気圧

1気圧(1013.25ヘクトパスカル)のこと。

■比推力

ロケット・エンジンの性能を示す数値のひとつ。ロケット・エンジンが発生する推力を、1秒間に消費する推進剤の質量で割ったもの。単位は秒で、数値が大きいほど高性能なロケットということになる。一般的な液体燃料ロケットは300～450秒、固体燃料ロケットは200～300秒の比推力をもつ。

■秒読み

→カウントダウン

■負圧

標準大気圧よりも空気の圧力が低い状態。

■ブースタ

補助ブースタのこと。多段式ロケットの1段目を指す場合もある。

■フェアリング

打ち上げ用ロケットに搭載されるペイロード（人工衛星や宇宙船など）を空力加熱などから守るための覆い。ペイロードはロケットの先端部に搭載されることが一般的であるため、空気抵抗などを考慮したなめらかな流線型のデザインになっていることが多い。

■フライト

航空機、ロケット、宇宙船などの飛行。

■ブラック・アウト

地球に帰還する宇宙船が大気圏へ再突入する際、一時的に地上と交信できなくなる現象。またはその交信不能状態。大気圏再突入飛行中は船体周辺が非常な高温になり、大気中の酸素などがプラズマ状態になって船体を包む。プラズマ中の電子は電波を吸収したり反射したりする性質があるため、宇宙船と地上基地間での通信用電波が一時的に届かなくなってしまうことが原因。スペースシャトル・オービタは、プラズマによる影響を受けにくい高周波の電波を使い、さらに人工衛星を利用して電波を中継することにより、大気圏再突入中でもブラック・アウトが起こらないように工夫されている。

■ペイロード

打ち上げ用ロケットに搭載される宇宙船や人工衛星のこと。またはそれらの重量。

■ホーマン軌道

同一の軌道面にある2つの円軌道間を移動する際、必要な燃料消費を最小限に抑えることができる楕円軌道のこと。1925年にドイツのヴァルター・ホーマンが発表した。ホーマン遷移軌道ともいう。

■補助ブースタ

ロケットの打ち上げ時に主エンジンを補助する役割をもつロケット・エンジン。主エンジンを内蔵するロケット本体の周りに取り付けられることが多い。

ま

■ミッション

宇宙飛行やロケット打ち上げによって達成することが目指される任務。

■無重量状態

重さを感じない（重力の影響を感じな

い）状態。地球周回軌道を慣性飛行している宇宙船内は無重量状態になる。無重量状態は、「気体や液体の対流が起こらない」「浮力がはたらかない」など非常に特別な環境なので、地球上では困難な研究や実験も行うことが可能である。無重量状態は、地球などの天体が宇宙船を引き戻そうとする重力と、宇宙船が飛ぶことによって生まれる遠心力（地球から遠ざかろうとする力）などの慣性力が打ち消し合うことによって生じる。弾道飛行軌道中の宇宙船内や、放物線状の飛行軌道をとる航空機内などでも一時的な無重量状態を経験できる。なお、無重力状態という言葉も同じ意味合いでよく使われるが、本書では無重量状態に統一させていただいた。

■無重力状態

→無重量状態

や

■与圧

航空機、宇宙船、宇宙服などの内部を加圧して一定の気圧に保つこと。超高空や宇宙空間など、気圧が低くて真空に近い場所では、与圧の技術を使って気圧を調節し、人間が空気を呼吸できる環境を構築する場合が多い。

■揚力

流れている気体や液体の中にある物体に対し、流れと垂直方向にはたらく力のこと。航空機は、ジェット・エンジンなどの力で前進することにより主翼に発生する揚力を使って離陸、飛行する。主翼ではなく胴体が揚力を発生する仕組みの航空機はリフティング・ボディという。

■翼長

スペースシャトル・オービタのような有翼型宇宙船や航空機の主翼両端間の長さ。

■翼幅

→翼長

ら

■ランチ

→ローンチ

■ランチ・タワー

→ローンチ・タワー

■ランデブー

複数の宇宙船が接近した状態で飛行すること。

■離昇

→リフト・オフ

■リアクション・コントロール・システム

宇宙空間で宇宙船の飛行姿勢などを変更する際に使われる小型ロケット・エンジン、およびその制御システム。小型ロケット・エンジンからガスを噴射することによる反作用（リアクション）によって船体の姿勢制御を行う。

■リフティング・ボディ

主翼ではなく胴体が揚力を発生するように設計された機体。リフティング・ボディ機は一般的な航空機のような主翼をまったくもたないか、あるいは非常に小型化されている。航空機がマッハ3を超えるような速度で大気中を飛行する場合、空力加熱によって機体は非常な高温になる。中でも温度が上がりやすいのは主翼端などの部分で、熱から機体を守るにはさまざまな工夫が必要となる。その点で大きな主翼をもたないリフティング・ボディ機は有利なので、スペースシャトル・

オービタにもリフティング・ボディの技術が採用されている。

■リフト・オフ

ロケットの打ち上げ時に、ロケット本体が発射台を離れること。

■ローンチ

ロケットを打ち上げること。英語の綴りは「launch」で、ランチともいう。

■ローンチ・タワー

発射台に据えられたロケットへ寄り添うように立ち、発射準備作業などに用いられる塔状の構造物。ランチ・タワーともいう。

■ローンチ・タワー・クリア

ロケットの打ち上げ時に、ロケット本体が上昇してローンチ・タワーの上端を超えること。

■ローンチ・パッド

→発射台

■ローンチ・ヴィークル

打ち上げ用ロケットのこと。

参考文献・資料一覧

『天文の事典』 小平桂一、日江井榮二郎、堀源一郎 監修　平凡社
『140億光年のすべてが見えてくる 宇宙の事典』 沼澤茂美、脇屋奈々代　ナツメ社
『天文年鑑 2007年版』 天文年鑑編集委員会　誠文堂新光社
『天文年鑑 2006年版』 天文年鑑編集委員会　誠文堂新光社
『理科年表 第80冊』 国立天文台　丸善
『理科年表 第79冊』 国立天文台　丸善
『スペースガイド宇宙年鑑2006』 株式会社アストロアーツ、財団法人日本宇宙少年団　アスキー
『新版 日本ロケット物語』 大澤弘之　誠文堂新光社
『自作ロケットで学ぶロケット工学の基礎知識』 久下洋一、山田誠、渡井一生　技術評論社
『航空宇宙材料学』 塩谷義　東京大学出版会
『宇宙工学概論』 小林繁夫　丸善
『宇宙工学入門　衛星とロケットの誘導・制御』 茂原正道　培風館
『宇宙工学入門 2　宇宙ステーションと惑星間飛行のための誘導・制御』 茂原正道、木田隆　培風館
『図解入門よくわかる 最新電波と周波数の基本と仕組み』 吉村和昭、倉持内武、安居院猛　秀和システム
『イラスト・図解 そこが知りたい 電磁波と通信のしくみ』 鈴木誠史　技術評論社
『宇宙開発事業団史』 宇宙開発事業団史編纂委員会　宇宙開発事業団
『JAXA長期ビジョン JAXA 2005』 宇宙航空研究開発機構　丸善プラネット
『銀河旅行　Part1』 石原藤夫　講談社
『銀河旅行　Part2』 石原藤夫　講談社
『銀河旅行と一般相対論　ブラックホールで何が見えるか』 石原藤夫　講談社
『銀河旅行と特殊相対論　スターボウの世界を探る』 石原藤夫　講談社
『宇宙300の大疑問』 ステン・F・オデンワルド　講談社
『われらの有人宇宙船 —日本独自の宇宙輸送システム「ふじ」—』 松浦晋也　裳華房
『トコトンやさしい宇宙ロケットの本』 的川泰宣　日刊工業新聞社
『宇宙船ボストーク　第1号から月計画へ』 W・G・バーチェット、A・バーディ　岩波書店
『カラー版 宇宙を読む』 谷口義明　中央公論新社
『人類の月面着陸は無かったろう論』 副島隆彦　徳間書店
『と学会レポート　人類の月面着陸はあったんだ論』 山本弘、植木不等式、江藤巌、志水一夫、皆神龍太郎　楽工社
『宇宙ロケットなるほど読本』 阿施光南　山海堂
『宇宙旅行ハンドブック』 エリック・アンダーソン　文藝春秋
『宇宙旅行ガイド　140億光年の旅』 福江純　丸善
『宇宙飛行士が答えた500の質問』 R・マイク・ミュレイン　三田出版会

『宇宙のスカイラーク』シリーズ　E・E・スミス　東京創元社
『レンズマン』シリーズ　E・E・スミス　東京創元社
『キャプテン・フューチャー全集』1～10　エドモンド・ハミルトン　東京創元社
『スターウルフ』シリーズ　エドモンド・ハミルトン　早川書房
『2001年宇宙の旅』 アーサー・C・クラーク　早川書房
『失われた宇宙の旅2001』 アーサー・C・クラーク　早川書房
『2010年宇宙の旅』 アーサー・C・クラーク　早川書房
『狐と踊れ』 神林長平　早川書房
『敵は海賊』シリーズ　神林長平　早川書房
『仮装巡洋艦バシリスク』 谷甲州　早川書房
『銀河英雄伝説』全10巻　田中芳樹　徳間書店
『月を目指した二人の科学者』 的川泰宣　中央公論新社
『宇宙からの帰還』 立花隆　中央公論新社
『V1号・V2号』 ブライアン・フォード　サンケイ出版
『報復兵器V2』 野木恵一　光人社
『宇宙ロケットの世紀』 野田昌宏　NTT出版
『イエーガー　音の壁を破った男』 チャック・イエーガー、レオ・ジェイノス　サンケイ出版
『宇宙船地球号　操縦マニュアル』 バックミンスター・フラー　筑摩書房

『クリティカル・パス』 バックミンスター・フラー　白揚社
『謎の円盤UFO大全』 柿沼秀樹　双葉社
『SF怪獣と宇宙戦艦』 聖咲奇監修　小学館
『機動戦士ガンダム大百科』 勁文社
『スター・ウォーズ』シリーズ　パンフレット　20世紀フォックス

●雑誌
『サイエンスウェブ』2006年5月号　サイエンスウェブ
『サイエンスウェブ』2006年7月号　サイエンスウェブ
『サイエンスウェブ』2006年10月号　サイエンスウェブ
『ニュートン』2005年10月号　ニュートンプレス

『スターログ』各号　ツルモトルーム
『宇宙船』各号　朝日ソノラマ
『S-Fマガジン』各号　早川書房

●コミック
『宇宙英雄物語』全7巻　伊東岳彦　角川書店
『マップス』全17巻・外伝全2巻　長谷川裕一　学習研究社
『宇宙海賊キャプテンハーロック』全5巻　松本零士　秋田書店
『スタンレーの魔女　戦場まんがシリーズ1』 松本零士　小学館
『わが青春のアルカディア　戦場まんがシリーズ4』 松本零士　小学館

●TRPG
『GURPS LENSMAN』 Sean Barrett著／Scott Haring編　STEVE JACKSON GAMES

●映像作品
『アルマゲドン』 マイケル・ベイ　ブエナ・ビスタ・ホーム・エンターテイメント（DVD発売元、以下同）
『スペース・カウボーイ』 クリント・イーストウッド　ワーナー・ホーム・ビデオ
『スペース・キャンプ』 ハリー・ウィナー　角川エンタテインメント
『ディープ・インパクト』 ミミ・レダー　ユニバーサル・ピクチャーズ・ジャパン
『アポロ13』 ロン・ハワード　ユニバーサル・ピクチャーズ・ジャパン
『ライトスタッフ』 フィリップ・カウフマン　ワーナー・ホーム・ビデオ

『スター・ウォーズ』シリーズ　ジョージ・ルーカス　20世紀フォックス
『宇宙空母ギャラクティカ』 リチャード・A・コーラ　ユニバーサル映画
『2001年宇宙の旅』 スタンリー・キューブリック　MGM
『2010年』 ピーター・ハイアムズ　MGM／UA
『宇宙大戦争』 本多猪四郎　東宝
『妖星ゴラス』 本多猪四郎　東宝
『惑星大戦争』 福田純　東宝
『怪獣総進撃』 本多猪四郎　東宝
『宇宙からのメッセージ』 深作欣二　東映
『トップをねらえ！』 庵野秀明　GAINAX
『トップをねらえ2！』 鶴巻和哉　GAINAX
『メガゾーン23』 石黒昇　ビクターエンタテインメント
『宇宙大作戦』 パラマウント映画 制作　パラマウント・ホーム・エンタテインメント・ジャパン
『サンダーバード』 APフィルムズ 制作　東北新社
『謎の円盤UFO』 APフィルムズ 制作　東北新社
『スペース1999』 APフィルムズ 制作　東北新社
『宇宙船レッド・ドワーフ号』 BBC 制作　ハピネット・ピクチャーズ
『スターウルフ』 円谷プロダクション 制作
『宇宙戦艦ヤマト』 オフィス・アカデミー 制作　バンダイビジュアル

『機動戦士ガンダム』 創通エージェンシー／サンライズ 制作 バンダイビジュアル
『伝説巨神イデオン』 創通エージェンシー／サンライズ 制作 バンダイビジュアル
『超時空要塞マクロス』 スタジオぬえ／ビックウエスト 制作 バンダイビジュアル
『宇宙船サジタリウス』 日本アニメーション 制作 ムービック

●Webサイト
宇宙航空研究開発機構（JAXA） http://www.jaxa.jp/
宇宙利用推進本部 http://www.satnavi.jaxa.jp/
宇宙情報センター http://spaceinfo.jaxa.jp/
宇宙のポータルサイト ユニバース http://www.universe-s.com/
JAXA 宇宙教育センター http://edu.jaxa.jp/
アメリカ航空宇宙局（NASA） http://www.nasa.gov/
NASA イマジン・ザ・ユニバース http://imagine.gsfc.nasa.gov/
NASA ヒューマン・スペース・フライト http://spaceflight.nasa.gov/
NASA エクスプローラーズ http://www.nasaexplores.com/
サイエンス@NASA http://science.nasa.gov/
ケネディ宇宙センター http://science.ksc.nasa.gov/
ロシア連邦宇宙局（FSA） http://www.federalspace.ru/
中国国家航天局（CNSA） http://www.cnsa.gov.cn/
ヨーロッパ宇宙機構（ESA） http://www.esa.int/
アメリカ空軍 http://www.af.mil/
エドワーズ空軍基地 http://www.edwards.af.mil/
Xプライズ財団 http://www.xprize.org/
スペース・アドベンチャーズ社 http://www.spaceadventures.com/
JTB宇宙旅行 http://www.jtb.co.jp/space/
国立天文台 http://www.nao.ac.jp/
東京大学 http://www.u-tokyo.ac.jp/
財団法人 日本宇宙フォーラム http://www4.jsforum.or.jp/
Encyclopedia Astronautica http://www.astronautix.com/
Space News as it Happens http://www.spaceref.com/

F-Files No.008

図解　宇宙船

2007年2月5日　初版発行

著者　称名寺健荘（しょうみょうじ　けんそう）
森瀬繚（もりせ　りょう）

編集　株式会社リボゾーン
株式会社新紀元社編集部
デザイン　スペースワイ
デザイン・DTP　西原美知子
イラスト　渋谷ちづる

発行者　大貫尚雄
発行所　株式会社新紀元社
〒101-0054　東京都千代田区神田錦町3-19
楠本第3ビル4F
TEL：03-3291-0961
FAX：03-3291-0963
http://www.shinkigensha.co.jp/
郵便振替　00110-4-27618

印刷・製本　東京書籍印刷株式会社

ISBN978-4-7753-0517-1
定価はカバーに表示してあります。
Printed in Japan